가족과 함께 떠나는
함께 떠나는

행복한
테마기행

가족과 함께 떠나는 행복한 테마기행

백남천 글·사진

시대의창

가도가도 아쉬움이 남고
늘 행복한 여정을 위하여

  얼마 전, 가까운 지인들과 함께한 회식자리에서 '자식 교육' 이 화제에 올랐습니다. 저마다 '아버지로서 자식을 교육하는 데 어떤 역할을 할 것인가' 에 관해 한 마디씩 거들었습니다. 그때껏 묵묵하게 얘기만 듣고 있던 젊은 후배님이 마지막으로 던진 말이 가슴에 와닿았습니다—"저는 아이들이 초등학교 4학년만 되면 적어도 매달 한 번씩 가족여행을 떠날 생각입니다. 빌딩 숲, 자동차 물결, 컴퓨터 게임에만 갇혀 살기 십상인 아이들에게 자연의 숨결을 들려주고 사람사는 살가운 풍정을 보여주고 싶습니다. 겨울 낭만이 서린 눈꽃밭, 봄빛 푸르른 보리밭, 갯냄새 물씬한 포구, 녹음 짙은 여름 산사, 불길처럼 타오르는 가을 단풍산, 조상의 얼이 깃든 역사 유적 등을 함께 체험하면서 가족들과 많은 얘기를 나누고 싶습니다. 그래서 가족간의 단절된 말길을 트고 살가운 정을 쌓으면서 풍요로운 감성을 나누고 싶습니다."

  저뿐 아니라 그 자리에 함께한 지인들은 모두 한결같이 그 젊은 후배님의 얘기에 깊이 공감하면서 어떻게 하는 것이 진정으로 가족을 사랑하고 자식들을 위한 길인지를 진지하게 고민했습니다. 저는 그 자리에서, 진행중인 이 책을 소개하면서 '가족의 복원' 을 꿈꾸는 수많은 부모님들에게 이 책이 많은 도움이 되기를 소망했습니다. 함께한 여행길에서 우리 아이들이 훌쩍 자라고, 엄마 아빠들은 잃었던 동심을 되찾기를 바라며….

백 남 천

저는 이 책을 준비하면서 단순한 여행 정보만 주는 것이 아니라 '보고 배우고 즐기고 느낄 수 있는' 여정으로 안내하고자 애썼습니다. 우리 땅 갈피갈피에 서린 서정과 운치, 삶의 모습을 그림처럼 전해드리고 싶었습니다. 가족이든 연인이든 벗이든 함께 떠나면 누구나 행복하고 의미있는 여정이 될 수 있도록 도움을 드리고 싶었습니다.

떠날 준비부터 가족들과 함께 나누시길 바랍니다. 어떤 테마로 언제 어디로 떠날 것인지, 교통편이나 숙식에는 어떤 낭만을 보탤 것인지… 머리를 맞대고 의논하다보면 여행을 떠나기 전에 이미 서로 충분히 가까워져 있을 것입니다. 그러므로 이 모든 준비 과정도 결코 소홀할 수 없는 중요한 여정입니다. 사랑하는 사람들끼리라면 어디를 가든, 가도 가도 아쉬움이 남고 늘 새롭고 행복한 여정이 되리라 믿습니다.

이 책에는 적잖은 분들의 노고가 깃들어 있습니다. "가족의 의미를 소중히 생각하는 삼성화재"의 따뜻한 격려와 후원에 힘을 얻었으며, 시대의창 편집진의 세심한 편집 덕분에 필자의 의도를 십분 살릴 수 있었습니다. 무엇보다 가족의 따뜻한 사랑이 있어서 힘겨운 여정을 무사히 마칠 수 있었습니다. 모두에게 고마운 마음을 전합니다.

햇살 좋은 들녘에서 길을 물어보며…

가도 가도 아쉬움이 남는, 언제 가도 늘 새로운,

가족과 함께 떠나면 더욱 행복한 그곳을 찾아

갈피갈피에 어린 풍정을 그림처럼 풀어놓는다.

은빛 낭만으로 스며들다

포항 호미곶의 해돋이 / 구룡포와 오어사 / 이견대와 감은사지 / 안면도 솔숲 / 꽃지해변의 낙조 / 황도 붕기풍어제 / 민둥산 억새밭 /
소금강 오색 비경 / 정선 아우라지 / 부석사 들어가는 길 / 영주 부석사 / 풍기 소수서원 / 비래봉의 철쭉 / 선우도량의 근본도량 실상사
/ 노고단의 운무 / 주왕산의 수달래 / 오지마을 내원동 / 주산지의 봄빛 / 백양사 애기단풍 / 쌍계루와 "이 뭣고" / 영화촌 금곡마을

희망을 길어올리다

가족과 함께 떠나는 행복한 테마기행

해돋이 1번지 호미곶에서
벅찬 희망을 길어올리다

영일만 호미곶에서 해를 맞고

구룡포 선창가에서 과메기를 씹으며

오어사에 들러 원효를 만나고

대왕암에서 애민의 성덕을 뵈온 후에

감은사지 옛 절터를 찾아

신라 천년의 자취를 더듬다.

가는 길(서울 기점) | 경부고속도로 경주나들목⇨포항 912번 해안도로⇨호미곶

맛집 | 한나회식당(054-284-9815)의 물회 | 은정횟집(054-775-7722)의 복 · 고래요리 | 해돈이회식당(054-284-4903)의 해물잡탕 | 한나루식당(054-276-2190)의 대게찜

머물 집(객실에서 해맞이가 가능한 집들) | 아무르모텔(054-291-0701) | 해송모텔(054-284-8245) | 씨사이드모텔(054-284-6705) | 선비치(054-746-5435)

주변 명소 | 영일만 민속박물관 | 영일만 온천 | 양동 민속마을

여행정보 안내 | 포항시 문화공보관광과(054-245-6063, www.ipohang.org)

양 손에 받쳐든
해오름의 의미를 새기다

포항
호미곶의
해돋이

포효하는 호랑이 형상을 하고 있는 한반도, 그 가운데 호랑이 꼬리 부분이라 해서 이름붙여진 호미곶虎尾串―한반도에서 해가 가장 먼저 뜨는 곳이다. 조선 명종 때 풍수지리학자 남사고가 『산수비경』에서 "한반도는 대륙을 향해 포효하는 호랑이 형상인데 백두산은 호랑이의 코에,

장기곶은 호랑이의 꼬리에 해당된다"고 한 데서 장기곶을 호미곶이라 부르게 되었다. 이곳으로 가려면 영일만을 품에 끼고 구불구불한 해안 절벽 드라이브 코스인 912번 도로를 타야 한다.

수년 전 겨울, 나는 한밤중에 서울의 어느 병원 암병동을 탈출하여 밤새 차를 달려 영일만 호미곶에 도착했다. 이곳으로 오는 도중 영일만 해안절벽 길을 달리며 하얀 눈꽃처럼 피었다가 산화하는 파도에 대고 내 운명의 향방을 묻고 또 물었다. '1년의 시한부 인생' 이라는 절망을 이 길에 묻어버리고 미련없이 내 삶을 마감하고 싶었다. 그러나 막상 말갛게 낯 씻으며 떠오르는 햇덩이를 보는 순간, 시한부 인생의 사형선고에 맞서 형 집행을 내 스스로 유예시키리라는 의지가 살아올랐다. 그때 바라본 호미곶 해돋이는 내게 가슴 벅찬 희망이었다. 그 희망이 현실이 되어 나는 수년이 지난 지금 건강한 몸으로 이 책을 쓰고 있다.

여명이 오기에는 아직 이른 시간의 호미곶, 우리 나라에서 가장 높은 등대가 요요한 달빛 아래 새하얀 나신을 드러낸 채 먼바다까지 불빛을 내보내고 있다. 팔각형 연꽃모양의 서구식 건축물인 이 등대는 영일만을 지나는 배들의 길잡이가 되어오고 있다.

등대 바로 옆에 엎드려 있는 등대박물관에는 세계 각국의 등대 사진과 모형, 배에 관련된 장비 등 800여 점의 '등대와 바다 이야기' 가 전시되어 있다. 어렵사리 등대를 지켜온 사람들과 어민들의 삶이 두루 엿보인다. 나도 한때 등대지기를 동경하여 무척이나 저 머언 바다 위 외딴 섬으로 나앉아 한 줄기 빛이 되고 싶었다. 영국 민요에 고은 시인이 노랫말을 붙인 「등대지기」를 그 옛날 소년의 마음으로 돌아가 나직이 불러본다.

얼어붙은 달 그림자 물결 위에 자고
한 겨울의 거센 파도 모으는 작은 섬
생각하라 저 등대를 지키는 사람의
거룩하고 아름다운 사랑의 마음을
……

등대 옆 드넓은 해맞이 광장에 서면 호미곶 앞바다에 떠오르는 해가 손에 잡힐 듯하다. 길놀이, 터울림, 북의 아우름 등으로 시작된 전야 축제에 이어 새벽의 축제 무대에서는 본격적으로 해맞이 축전이 펼쳐지고 있다. 동해에 침범한 적병과 액운을 물리친다는 전설의 피리를 재현한 공연 「만파식적萬波息笛」을 비롯하여 해가 떠오르는 장면을 바라춤으로 형상화한 「여명의 빛」도 올려진다.

동쪽바다에 8미터 높이로 돌출된 청동조형물 오른손과 불씨성화대를 사이에 두고 3미터 높이로 세워진 왼손의 조형 테마는 그 멋진 조형미만큼이나 의미도 깊다. 사람의 양 손 모습을 만든 이 예술 조형물은 묵은 천년 '한 손'이 낳았던 전횡과 탄압의 일방적인 시대를 반성케 한다. '두 손 시대'의 상징물로서 서로 도와 화해하고 함께 사는 상생相生의 가르침을 주고 있다.

새벽 바닷가 여명의 빛이 시나브로 푸르스름한 기운을 내몰면서 새해 첫 해오름의 순간이 다가오고 있다. 호미곶 최고의 해맞이 포인트는

문득 해와 달에 얽힌 '연오랑 세오녀'의 설화가 떠오른다. 잃었다가 다시 찾은 해라서 행여 또 잃을새라 가장 이른 시간에 저리도 장엄하게 떠오르는 것인가.

등대 바로 앞 손바닥 조형물 바로 뒤다. 마침내 햇덩이가 물낯으로 서서히 모습을 드러내자, 밤 새워 기다리던 해맞이객들은 저마다 새해 소망을 빌며 감격에 겨운 듯 환호성을 지른다―"해 뜬다! 저어기 해 뜬다 ~. 새 해가 뜬다~!"

육당 최남선도 일찍이 「조선10경가」에서 이곳의 해돋이를 "조선 최고의 일출"이라며 극찬해 마지 않았다.

이 어두움 이 위치를 더 견뎌내지 못할세라
만물이 고개 들어 동해 바라볼 제
백령百靈이 불을 물고 홍일륜紅日輪을 떠받들어
나날이 조선 뜻을 새롭힐사 호미일출虎尾日出

물낯을 벗어나 둥실 떠오른 해는 환한 미소로 온 누리의 아침을 찬연히 열어가고 있다. 갈매기들도 연신 금빛 물낯에 날개를 적셔대며 희망을 물어 오른다. 해돋이의 장관이 주는 여운은 길다. 사람들은 그 자리에 못박힌 듯 좀처럼 자리를 뜨지 못한다. 문득 해와 달에 얽힌 '연오랑 세오녀'의 설화가 떠오른다. 잃었다가 다시 찾은 해라서 행여 또 잃을새라 가장 이른 시간에 저리도 장엄하게 떠오르는 것인가. 가장 먼저 해가 뜨는 호미곶에서 아침을 맞노라면 아무리 지독한 절망 속에서도 희망이 싹 트리라.

구룡포 과메기를 씹으며
오어사에서 원효를 찾다

　호미곶 아랫녘 구룡포까지 톱니처럼 이어지는 남동해안선을 바로 옆에 끼고 따라 내려가는 길가의 겨울바다는 더없이 낭만적인 풍광이다. 밀려오는 파도가 하얀 포말로 처연히 부서지는 순간, 나래 쉬고 있던 흰 갈매기떼가 일제히 비상한다. 게다가 이곳 바닷가 사람들의 삶이 지어놓은 풍물도 곳곳에 널려 있어 여정을 더욱 풍요롭게 한다.

　바닷바람이 잘 통하는 작은 어촌의 덕장에선 덕대에 과메기를 내거

18

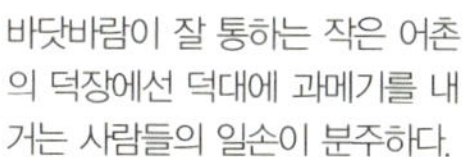

는 사람들의 일손이 분주하다. 새끼 두릅에 매인 과메기가 주렁주렁 매달린 덕장들은 그대로 또 하나의 풍경이다. 겨울 추위가 깊어질 무렵부터 이듬해 3월까지가 과메기 전성기다.

옛 문헌 『소천소지笑天笑地』는 이 해안지방의 과메기 유래를 잘 전해주고 있다―"겨울철에 한양으로 과거 보러 가던 한 선비가 해안길을 걷다가 배가 고파오자 그만 해안가 언덕 위 나뭇가지에 눈이 꿰인 채 얼말려 있는 생선을 찢어 먹었다. 그 맛이 너무 좋아 귀향하여서도 겨울철이면 청어나 꽁치 등 눈을 관통할 수 있는 어류를 말려서 즐겨 먹었다."

앞 바다에서 아홉 마리의 용이 승천한 곳이라 하여 '구룡포九龍浦'라고 불리는 어항에는 크고 작은 고깃배들이 빼곡히 정박해 있다. 구룡포 사람들은 과메기를 비롯하여 대게를 널리 알리기 위해 12월 하순부터 새해 초까지 '구룡포 특산물 축제' 한마당을 벌인다. 구룡포 활어 위판장에선 지금 구룡포읍내 각 리별 대표선수가 모두 참가하여 과메기를 엮고, 벗기고, 먹는 진풍경을 연출하느라 신명난다.

선창가 뒤안길, 미로처럼 나 있는 골목골목 처마 밑, 음식점들은 과메기 안주를 즐기려 찾아드는 이들의 잦은 발걸음으로 문턱이 닳을 지경이다.

드넓은 저수지를 앞마당으로 삼고 있는 오어사는 한 폭 남짓 작은 돌다리를 건너가면 한눈에 들어온다.

꾸들꾸들하도록 말려져 맛이 익은 꽁치과메기는 북어처럼 쭉쭉 찢어 그대로 먹을 수 있는 발효식품이다. 특히 핵산이 풍부하여 고소하면서도 담백한 맛이 뛰어난 과메기를 생미역이나 다시마로 돌돌 말아 초장을 듬뿍 찍어 한입에 넣고 씹는 맛이 그만이다. 쫀득쫀득 씹을수록 깊은 맛이 난다고 입소문이 나기 시작한 이곳의 과메기 요리는 남동해안 겨울 여행객들에게 가장 사랑받고 있는 별미다.

호미곶 해맞이 여정에서 그 동안 빼먹고 지나쳐온 곳이 오어사吾魚寺다. 그러다가 황동규 시인의 「오어사에 가서 원효를 만나다」라는 시를 읽고나서야 나는 내륙 쪽으로 길을 돌려 오어사를 찾게 되었다.

··· / 운제산이 나타나고
오어호湖를 끼고 돌아 / 오어사로 다가간다.

가만! / 호수 가득 / 거꾸로 박혀 있는 운제산 큰 뼝대.
정신 놓고 바라본다. / 아, 이런 절이! / 누가 귓가에 속삭인다.
모든 걸 한번은 거꾸로 놓고 보아라, / 뒤집어놓고 보아라.
오어사면 어떻고 어오사魚吾寺면 어떤가? / 혹 이미 절이 아니면?
머리 쳐들면 또 깊은 뼝대.

드넓은 저수지를 앞마당으로 삼고 있는 오어사는 한 폭 남짓 작은 돌다리를 건너가면 한눈에 들어온다. 신라 진평왕 때 자장율사가 세운 유서 깊은 고찰에 들어서자 경내는 적요하다. 이 절 이름에는 두 스님이 남기고 간 재미있는 일화가 스며 있다.

원효대사와 혜공선사가 서로 법력의 신통스러움을 겨뤄보고자 각자 물고기를 살아 돌아오게끔 하는 내기를 벌였는데, 그 중 한 마리의 물고기만 살아 돌아오자 두 고승이 그만 서로 "내가 살린 고기"라고 우겨 댔다는 것이다. 그래서 절 이름이 오어사吾魚寺가 되었다고 한다. 다시 황동규 시인은 "그리고 원효가 없는 것이 원효 절다웠다"고 노래하고 있으니, 나는 어디에서 원효를 찾아야 할까?

> 원효 쓰고 다녔다는
> 잔 실뿌리 섬세히 엮은 삿갓 모자의 잔해.
> 대웅전 한구석에서 만난다.
> 원효의 숟가락도 만난다.
> 푸른색 굴어서 검게 변한 놋 녹.
> 다시 물가로 나간다.
> 오늘따라 바람 한 점 없이 고요한 호수에선
> 원효가 친구들과 함께 잡아 회를 쳤을 잉어가
> 두셋 헤엄쳐 다녔다.
> 한 놈은 내보란 듯 내 발치에서 고개를 들었다.
> 생명의 늠름한,
> 그리고 원효가 없는 것이 원효 절다웠다.

뒤안길로 절을 휘돌아 감싸고 나가는 저수지를 건넌다. 원효는 아마도 공양을 마치고 바람과 벗하여 이 길로 그곳 대왕암에 올랐을지도 모른다는 생각에 에돌아 난 산길을 오른다. 운제산 정상의 대왕암, 그러나 이곳에도 원효는 없다. 그는 그제나 이제나 먼길 위에 잿빛 바랑 지운 업으로 긴 그림자를 끌고 있는 게 아닐까?

애민의 넋이 서린 대왕암에
경배하고 옛 절터를 찾다

다시 동해안으로 되돌아 나와 만난 31번 해안도로를 그대로 타고 내려가다 보면, 언제고 나는 오른쪽 목뼈가 저려온다. 내내 길 어깨동무하는 푸른 바다의 유혹 때문이리라. 일망무제一望無際의 푸른 바다, 눈이 시리도록 장엄한 해오름, 정겨운 갯마을의 풍광이 눈길을 붙드는 유혹에서 누구도 자유로울 수는 없을 터이다.

그렇게 감포까지 지나오면 대왕암을 비롯하여 신라의 유서깊은 유적

을 만날 수 있는 여정이 기다리고 있다. 감포 앞바다에서 펄떡펄떡 튀어오른 회 한 접시에 소주 한 잔으로 목을 축였으면 꼭 잊지 말고 들러야 할 곳은 이견대利見臺다.

바다로 드는 대종천 하구 해안가 언덕 위에 세워진 정자가 이견대인데, 대왕암이 한눈에 내려다보이는 곳에 문무대왕을 기리기 위해 세워졌다. 용당포 앞바다 한가운데로 흰 갈매기떼가 군무를 추고 있는 작은 바위섬이 한눈에 들어온다. 죽어서도 외적의 침략으로부터 나라를 지키려는 문무대왕의 유언에 따라 납골이 뿌려졌다는 대왕암이다.

이견대 아래쪽에 세워진 문무대왕의 유언비문에서 우리는 백성을 편안케 하고자 하는 성군의 덕을 읽을 수 있다. 또 허위의식에 사로잡혀 조상의 분묘를 호화롭게 꾸미는 일이 얼마나 어리석고 부질없는 짓인가를 깨달을 수 있다─"나라를 다스리던 영주도 마침내 한 무더기 흙무덤이 되어 나무꾼과 목동들은 그 위에서 노래를 부르며, 여우와 토끼들은 그 곁에 구멍을 뚫고 사니… 헛되이 사람만을 고되게 하고… 생각하면 마음이 상하고 아픔이 그지없으니 이 같은 것은 내 즐겨하는 바 아니다."

이른 새벽, 대왕암 주변엔 안개가 신비롭게 피어오른다. 그런 날 대왕암 위로 연출되는 해돋이의 장관은 경건한 기운마저 느끼게 한다. 우리 미술사를 처음으로 학문의 경지로까지 끌어올린 우현 고유섭 선생은 일찍이 「대왕암」이라는 시를 지어 문무대왕의 높은 뜻을 기린 바 있다.

대왕의 우국성령은
소신燒身 후 용왕 되사
저 바위 길목에
숨어들어 계셨다가
해천海天을 덮고 나는
적귀敵鬼를 조복調伏하시고

우국지정에 증코 또 깊으시매
불당에도 들으시다
고대高臺에도 오르시다

후손은 사모하여
용당龍堂이요 이견대利見臺라더라

영령이 환현幻現하사
주이야일晝二夜一 간죽세竿竹勢로
부왕부래浮往浮來 전해주신
만파식적萬波息笛 어이하고
지금은 감은고탑感恩孤塔만이
남의 애를 끊나니

대종천大鍾川 복종해覆鍾海를
오작아 뉘지 마라
창천이 무섭거늘
네 울어 속절없다
아무리 미물이라도
뜻 있어 운다 하더라

봉길리 해안도로를 벗어나 경주 방면 929번 지방도로로 꺾어들어 가
다보면 오른편으로 빈 절터가 눈길을 끄는데, 감은사지感恩寺址다. 이

용당포 앞바다 한가운데로 흰 갈
매기떼가 군무를 추고 있는 작은
바위섬이 한눈에 들어온다.

에 관한 감상은 아마도 『나의 문화유산 답사기』(유홍준 지음)에 실린 글이 으뜸일 터이다.

신문왕이 아버지 문무대왕의 높은 뜻을 새겨 지었다 하여 감은사感恩寺다. 그러나 지금은 삼층석탑 한 쌍만이 빈 절터를 지키고 있을 뿐이다. 절터 한쪽에 튼실하게 뿌리내리고 서 있는 늙은 당산나무는 탑마을을 지켜주는 신목神木이다. 노목에 기대어 서니, 어느새 토함산 서녘 너머로 해 저무는 어스름이다.

떠오르는가 싶으면 저물고, 차는가 싶으면 이울고, 오는가 싶으면 이내 떠나야 하는 게 세상의 이치려니 이찌 저무는 해를 탓하랴. 돌아가는 발길을 아쉬워한들 무슨 소용이랴.

천년 솔향기를 받아마시고
꽃지해변 눈시린 노을에 물들다

우리 솔숲의 마지막 참모습
안면도 솔숲에 심신을 헹구고,
물감으로 그려놓은 듯한
꽃지해변의 낙조에 물들어 밤을 새고,
서해안의 마지막 남은 풍어제
황도 붕기풍어제 신명을 상상하다.

가는 길(서울 기점) | 서해안고속도로⇨홍성나들목⇨서산방조제
⇨안면도

맛집 | 영목식당(041-673-7134)의 꽃게탕 | 마검포 바다횟집
(041-674-6563)의 실치회

머물 집 | 롯데오션캐슬(041-671-7000)의 머드풀과 노천해수탕
은 필수 즐길거리 | 블루비치(041-674-6750) | 안면프라자호텔
(041-673-0744) | 솔밭 사이로 바다는 보이고(041-673-0710)
와 같은 팬션은 안면도닷컴(www.anmyondo.com)에서 예약 대
행 | 안면도 자연휴양림 통나무집(041-674-5017)은 최소한 1개
월 전에 예약해야 이용 가능

여행정보 안내 | 태안군청 문화관광과(041-670-2544, www.
taean-gun.chungnam.kr)

청량한 천년 솔숲을 거닐며
푸르른 노래를 부르다

안면도 솔숲

서해안고속도로를 두어 시간 달려 안면교를 건너면 벌써 바람에 솔내음이 물씬 묻어온다. 섬들 사이로 통통배가 오가는 바다 풍광과 하늘을 가린 솔숲길이 청량하다. 섬의 초입부터 반기는 솔숲길은, 구릉처럼 낮은 산이 온통 솔숲인 창기리와 안면도 자연휴양림에서 절정을 이룬다.

차창을 모두 내리고 이 길을 달리노라면 '쏴아아아하~' 시원한 솔바람에 여름 늦더위도 간데없고 바람에 실려온 솔내음에 나른한 심신의 피로가 눈 녹듯 스러진다.

섬 전체 산림 가운데 75퍼센트가 소나무숲인 안면도는 그야말로 소나무의 섬이다. 미끈한 몸매를 자랑하는 '안면송' 솔숲은 청도 운문사, 경주 남산 들목 삼릉의 솔숲과 함께 우리 나라 3대 솔숲으로 꼽힌다.

상록성 큰키나무인 소나무를 우리 말로는 '솔' 이라고 일컫는다. '솔'은 높고 으뜸이란 뜻을 지닌 말이다. 나무 가운데 가장 우두머리라는 뜻의 '수리' 라는 말이 '술' 로 그리고 '솔' 로 변한 것이다. 『본초강목本草綱目』에 보면 소나무를 '모든 나무의 어른' 으로 칭송하고 있다. 그렇다. 우리 땅의 으뜸 나무 소나무는 우리 겨레와 애환을 함께해온 가장 친근한 나무다.

그런데 이런 소나무가 지금 이 땅에서 점차 사라져가고 있다. 전국의 소나무들을 벌겋게 죽여가는 솔잎혹파리가 창궐한 데다가 최근엔 도시의 가정 조경에 소나무를 옮겨 심는 것이 유행처럼 번지고 있어서 더하다. 우리의 소나무를 가까이 두려는 마음은 좋지만 옮겨심긴 소나무는 도시의 공해에 적응하지 못해 대부분 말라죽고 만다. 안타까운 일이다. 그나마 「생명의 숲 가꾸기 국민운동」이 '보전해야 할 아름다운 숲' 으로 뽑은 천연보호림인 안면도 솔숲이 건재해 있어 위안을 삼는다.

가족들과 함께 찾은 안면도 자연휴양림. 아름드리 솔 무리가 하늘을 덮고 있는 아침 숲길은 청량하다 못해 소름이 돋을 지경이다. 솔숲에서 품어나오는 천연 방향제 '피톤치드' 에 온 심신이 싸하니 씻겨내리는 느낌이다. 솔내음을 가슴 깊이 들이마시며 살아있는 기운을 맘껏 누려

본다. 수령 70~120년을 자랑하는 세계 최대의 단일 소나무숲인 안면
도 솔숲은 과연 경복궁 같은 왕실에 목재를 제공했던 조선시대의 봉산
답다.

초등학교에 다니는 조카 다영이와 가영이가 「소나무」를 노래부른다.
"소나무야~ 소나무야~ 언제나 푸른~ 네 빛 …."

나도 모르게 어느새 「상록수」(김민기 작사 · 작곡)로 소나무 노래 한
꼭지를 잇고 있다. "저~ 들에 푸~르른 솔잎을~ 보라~ / 돌~보는 사
~람도 하나 없~는데~ / 비바람~ 불고~ 눈보라~ 쳐도~ / 온~누리
끝~까지 맘껏 푸르다~ / … / 거치른 들~판에~ 솔잎되리라~ …."

솔숲길이 이어진 수목원 지역. 우리의 전통 정원을 재현해 놓은 아산
원과 청자자수원에서 자연 그대로의 정원을 즐겼던 선조들의 그윽한

가족들과 함께 찾은 안면도 자연
휴양림. 아름드리 솔 무리가 하
늘을 덮고 있는 아침 숲길은 청
량하다 못해 소름이 돋을 지경이
다. 솔숲에서 품어나오는 천연
방향제 '피톤치드'에 온 심신이
싸하니 씻겨내리는 느낌이다. 솔
내음을 가슴 깊이 들여마시며 살
아있는 기운을 맘껏 누려본다.

30

풍취도 느껴본다. 자생식물 군락지에서 우리 꽃들을 관찰하며 걷다보면 자연스럽게 안면암으로 발길이 닿는다. 이곳에 오르면 탁 트인 바다가 아득하게 펼쳐진다.

이곳 숲속에 자리한 산림 전시관은 이 섬의 풍물 여정을 더욱 지혜롭게 해주는 공간이다. 엄마, 아빠 손을 잡고 나무들의 세계와 숲의 생태계, 그리고 안면도의 역사와 풍속 문화를 배우는 아이들의 눈망울은 마냥 똘망똘망해진다.

> 그 섬으로 가는 길은 천년 솔 길게 시립해 있다
> 황도 당집에선 정월부터 섬 사람들 모두 모여
> 풍어와 뱃길의 무사안녕을 소망한다
> 봄이면 울긋불긋 온갖 꽃들 지천으로 피어
> 벌 나비는 향기에 취하고 사람들은 꽃빛에 취한다
> 샛별처럼 늘어선 금빛 모래 눈부신 해변들
> 삼봉, 기지포, 두여해, 밧개… 참 이름도 고운 꽃지
> 여름이면 사람들을 불러모아 한바탕 햇살잔치를 벌인다
> 땅거미 내리고 인적이 사라진 황혼 무렵
> 할아비 할미 바위 위로 천년 전설이 석류빛으로 내려앉는다

바다로 난 갯길을 따라 걷다보면 자연스럽게 안면암으로 발길이 닿는다. 이곳에 오르면 딕 트인 바다가 아득하게 펼쳐진다.

천년의 사랑 이야기를 간직한 꽃지의 해넘이에 물들다

남북으로 80여 리를 뻗쳐 있는 안면도 해안선은 전체가 천혜의 해수욕장이다. 섬의 들머리 백사장해수욕장으로부터 삼봉, 기지포, 안면, 두여해, 밧개, 방포, 꽃지, 샛별, 장삼, 장돌, 바람아래 등 십여 군데의 해수욕장이 손을 맞잡은 듯 이어져 있다. 이 가운데 꽃지, 샛별, 바람아래 해수욕장은 이름을 입에 올리면 그대로 고운 시가 되어 나올 정도로 그 이름이 예쁘다. 특히 예전에 해당화가 많이 피었다는 꽃지는 그 이름만큼이나 아름다운 곳이다.

꽃지는 이름 그대로 봄이면 앞바다를 색색의 꽃으로 물들이는데 안면도국제꽃박람회가 열리면 어김없이 꽃의 신 플로라가 만발한다. 그것도 무려 1억 송이의 꽃으로 '바다에 물든 꽃' 을 연출하며 세상에서 가장 환상적인 꽃잔치를 선사한다.

꽃지는 금가루를 뿌린 듯한 눈부신 백사장이 10리가 넘는다. 비단처럼 고운 모래밭에는 작은 구멍이 숭숭 뚫려 있는데, 새끼손톱 절반 크기도 안되는 무수한 달랑게들이 집을 짓느라 분주하다. 아이들은 이를

꽃지는 금가루를 뿌린 듯한 눈부신 백사장이 10리가 넘는다.

아이들은 수백 미터씩 물이 빠지는 경계선이 되기도 하는 이 두 바위 사이에서 모래조개, 게, 말미잘을 관찰하는 자연 체험의 재미에 푹 빠진다.

구경하느라 정신이 팔려 어른들은 안중에도 없다. 어른들은 어른들대로 고운 모래에 길게 발자국을 찍으며 추억 만들기에 여념이 없다.

꽃지의 최고 절경은 눈썹 같은 노송을 달고 있는 할아비바위와 할미바위 사이로 지는 해넘이다. 이는 서해안 3대 해넘이의 하나로 꼽힐 만큼 아름답다. 오랜 세월 해넘이를 지켜봐온 할아비바위와 할미바위는 애잔한 천년의 사랑 이야기를 전하고 있다.

신라 때 이곳 안면도 방어 책임자였던 승언은 싸움터에 나가 전사했다. 승언의 아내 미도라는 그런 줄도 모르고 날마다 바닷가에 나가 남편이 돌아오기를 애타게 기다렸다. 평생을 그러다가 그만 기다리는 그 자리에서 죽어 바위로 변했다. 그 바위가 바로 '할미바위' 다. 실제로 이 마을의 지명은 지금도 승언리다. 이 쌍바위에 금빛 노을이 물들면 이 사랑의 전설은 더욱 애잔하게 가슴을 저민다. 연인들은 석양에 물든 쌍바위를 바라보며 '영원한' 사랑을 약속하고, 전국에서 모여든 사진작가들의 셔터 소리는 더욱 바빠진다.

아이들은 수백 미터씩 물이 빠지는 경계선이 되기도 하는 이 두 바위 사이에서 모래조개, 게, 말미잘을 관찰하는 자연 체험의 재미에 푹 빠진다. 뻘흙 속에서 잡아올린 조개로 조개미역국을 끓여 꽃지 앞바다를 식탁 삼아 한 그릇 들이켜는 것도 별미 중의 별미다.

해수욕 후에 롯데오션캐슬콘도의 아쿠아월드에서 해수온천으로 피로를 푸는 것도 훌륭한 휴식 여정이다. 온천욕을 하며 대형 유리를 통해 꽃지해변의 해넘이도 즐길 수 있다. 지하 400여 미터 암반수에서 뿜어져 나오는 유황해수에 사우나를 하고 해초소금 등 천연재료로 마사지를 받고나면 피부가 뽀얗게 피어나는 느낌이 들 것이다.

마사지가 부담이 된다면 스파테라피 파라디움을 이용하는 것도 썩 괜찮다. 열대우림 조형물 사이 10개의 스파 공간에는 아로마 재스민, 레몬이 띄워져 있는 욕조와 수중 마사지가 있어 '왕후의 휴식'을 즐기기에 손색이 없다.

연인들은 석양이 물든 쌍바위를 바라보며 '영원한' 사랑을 약속하고, 전국에서 모여든 사진작가들의 셔터 소리는 더욱 바빠진다.

서해안의 마지막 남은
'붕기풍어제' 구경에 넋을 잃다

천수만 앞에 떠 있는 황도는 20여 년 전에 안면도와 연륙교로 이어진
섬 아닌 섬이다. 여기서 판이 벌어지는 붕기풍어제(무형문화재 제12호)
는 현존하는 서해안의 풍어제 가운데 그 규모와 내용이 가장 알찬 온
섬사람들의 축제다.

붕기풍어제는 먼 옛날 이 황도의 고깃배들이 뱃길을 잃고 표류하다
가 지금의 당집터에서 비치는 뱀의 눈빛 같은 빛을 길라잡이 삼아 무사

히 돌아왔다는 전설에서 유래한다. 그때부터 당집을 세우고 '대처럼 긴 서낭' 즉 뱀 서낭인 '진대서낭'에게 정성껏 제를 올려왔다. 정월 초 이튿날과 초사흘날 이틀에 걸쳐 열리는 붕기풍어제는 설 대목에 겹쳐 있어 작심을 하지 않고서는 구경하기가 쉽지 않지만 가족과 함께 꼭 한 번은 볼 만한 특별한 구경거리다.

정월 초이튿날 아침에 '진태'라 불리는 황도의 토박이 숫소를 '숙정'(도살)하는 일로 시작되는 제의는 무녀가 숫소의 생피를 바치며 "귀히 받으시옵소사… 믿는 대로 도와주시옵소사"라고 축문을 읊조리는 '피고사'가 그 서막이다. 그 사이에 제주와 선주들은 제단 앞에서 뱃길의 무사안녕과 풍어를 간절히 빌고, 피고사가 끝나면 온 마을사람들이 강렬한 풍악을 반주로 목청껏 「붕기타령」을 부르며 한바탕 놀이마당을 펼치면서 절정에 이른다.

> 칠산 연형 다불어 먹고
> 어안도 바다와 농장만 친단다
> 에헤 어허 쿵

섬사람들은 당집을 세우고 '대처럼 긴 서낭' 즉 뱀 서낭인 '진대 서낭'에게 정성껏 제를 올려왔다. 정월 초이튿날과 초사흘날 이틀에 걸쳐 열리는 붕기 풍어제는 온 섬사람들의 신명난 잔치마당이다.

놀이마당이 끝나면 만신을 앞으로 하여 '세경돌이'를 벌이는데, 동네의 개들까지도 따라나선다. 섬 마을을 그렇게 한 바퀴 다 돈 선주들은 뱃기를 들고 언덕 위의 당집으로 있는 힘을 다해 함성을 지르며 뛰어오른다. 당집 앞에 미리 박아놓은 말뚝에다 자신의 뱃기를 남보다 빨리 세울수록 한 해의 운이 좋다고 믿기 때문이다. 그리곤 수십 개의 깃발이 펄럭이는 당집에서 이른 저녁까지 흥겨운 붕기타령과 함께 한바탕 흐벅지게 논다. 이때의 별식은 제수인 쇠고기를 대꼬챙이에 꿰어 무쇠솥 숯불에 구운 쇠고기 산적이다.

천수만이 어두워질 무렵, 황해도굿 기능 보유자인 만신 김금화 님이 모든 부정을 씻어내는 부정굿과 신을 맞이하는 초감굿을 시작으로 제석, 대감, 성수, 사냥 등의 굿판을 주도한다. 밤 12시가 되면 서낭신께 당제를 올리고, 다시 놀이판이 이어진다.

놀이마당이 끝나면 만신을 앞으로 하여 '세경돌이'를 벌이는데 동네의 개들까지도 따라나선다.

선주들은 제물로 쓸 쇠고기를 받아 "제석이요"를 외치며 자신의 배로 내달리는 '제석경쟁'을 벌이고 뱃사람들은 '뱃기경주'에 나선다.

　천수만 쪽의 동녘 하늘에 여명이 터올 즈음 새벽 기운에 힘입어 다시 제의를 이어간다. 선주들은 제물로 쓸 쇠고기를 받아 "제석이요!"를 외치며 자신의 배로 내달리는 '제석경쟁'을 벌이고 뱃사람들은 '뱃기경주'에 나선다. '뱃기경주'는 배 주위에 놓아둔 기를 배에 누가 빨리 꽂느냐를 내기하는 시합이다. 뒤이어 '뱃고사'가 치러지고 마지막으로 선창제와 바다에 떠도는 넋들을 위로하고 모든 액을 띠배에 실어서 띄워 보내는 강변용신굿이 벌어진다. 이때에 온 섬 사람들이 배에 타고 풍물에 맞춰 붕기타령을 부르면서 풍어제를 마친다.

　안면도 사람들은 이런 이웃간의 우애를 일컬어 흔히들 "우리는 등 넘어 개사촌"이라고 말한다. 갈수록 자기 욕심만 앞세운 이기심이 득세하는 물신 숭배의 시대에 아직 붕기풍어제와 같은 아름다운 우리 문화가 남아 있어 우리의 마음을 맑게 씻어내고 있으니 그나마 다행이다.

　안면도의 최남단 땅끝에 자리한 영목항은 제법 운치 있는 포구다. 선착장 바로 앞의 작은 횟집에 앉아 물씬한 바다 내음을 안주 삼아 쐬주 한 잔으로 목을 축이는 풍류도 그만이다. 안면 앞바다에 떠있는 고대도, 삽시도…, 건너편 대천해수욕장으로 떠나려는 연안 여객선들의 뱃고동은 이 여정의 또다른 유혹이다.

신이 내린 가을 선물,
금빛 은빛 억새 물결에 하늘거리다

정선 민둥산 억새 꺾어

꽃신 삼아 신고,

소금강 오색 비경에

몽롱히 취한 시심詩心을

아우라지 굽이굽이

아리랑 곡조로 떠나보내다.

가는 길(서울 기점) | 영동고속도로⇨진부 나들목⇨33번 국도⇨정선읍⇨424번 지방도로 민둥산⇨화암계곡

맛집 | 동광식당(033-563-3100)의 콧등치기 국수 | 향림식당(033-562-2358)의 표고죽 | 정선곡 황기보쌈(033-563-8114)의 황기보쌈 | 싸리골식당(033-562-4554)의 곤드레나물밥 | 정선면옥(033-562-2233)의 막국수

머물 집 | 가리왕산 휴양림 산림문화휴양관(033-563-1566) | 몰운대관광농원(033-562-2285) | 행복휴양림(033-563-2148) 정암사, 정선카지노카지노관광호텔(033-590-7700)

주변 명소 | 정암사, 정선카지노, 정선5일장(2, 7일), 오장폭포

여행정보 안내 | 정선군청 문화관광과(033-560-2365, www.jeongseon.go.kr) | '민둥산 억새풀 축제'(정선군 남면 사무소 : 033-560-2651)

금빛 은빛 억새 환희,
민둥산에 놀다

민둥산 억새밭

화려함을 즐기는 이들은 단풍을 찾아 떠나고, 사색을 즐기는 이들은
은빛물결 넘실대는 억새밭을 찾을 법하다. 누구라도 시인이 될 것 같은
가을, 나는 가장 운치있는 억새밭으로 주저없이 정선 민둥산을 꼽는다.

해발 3천700척 높이의 민둥산 오르는 길은 여러 갈래다. 그 가운데 능
전마을에서 오르는 길(정상까지 2.5킬로미터)이 가장 가깝지만 어느 길
이든 지극히 편하게 이어져 가족끼리, 연인끼리 느긋하게 가을 풍취를

만끽할 수 있는 산행길로는 그만이다.

단 두 가구만이 배추와 황기를 재배하며 사는 발구덕마을을 지나 고랭지 배추밭 사잇길로 올라서면 잣나무 향내 짙은 비탈길이 20여 분 간 이어진다. 숲을 벗어나 한 걸음 오르는 순간 한 그루 나무도 없이 은갈색 억새 바다가 아득하게 펼쳐진다. 드문드문 바위만 몇 군데 박혀 있을 뿐 긴 능선을 타고 정상까지 온통 억새 천지다. 저문 강에 물비늘이 일 듯 바람따라 일제히 한쪽으로 내달리는 억새 물결에 햇비늘이 이는 풍경은 참으로 장관이다. 아름답다 못해 가슴이 먹먹해지는 충격이다. 산불 감시탑이 영화 세트처럼 껑충 서 있는 정상에 오르면, 그 먹먹한 풍경에 취한 등산객들의 감탄사만 아득하게 두런거릴 뿐 정작 사람들의 모습은 눈부신 억새 물결에 묻혀 보이지 않는다.

민둥산 정상 부근은 산 이름 그대로 민둥민둥하다. 나무 한 그루 보이지 않는다. 하지만 9월부터 피기 시작하여 10월 중순경에 절정을 이루는 억새꽃으로 뒤덮인 가을 민둥산은 그 풍취로 말하면 가히 풍악산(가을 금강산)이 무색할 지경이다. 하얀 솜털 부숭부숭한 꽃으로 화관을 빚어 쓰고 온통 은빛 꿈이 일렁이는 잎으로 치마저고리를 차려입은 가을 민둥산은 차라리 하늘이 빚은 한 편의 서정시요, 한 폭의 그림이다.

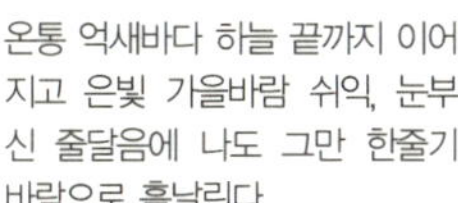

온통 억새바다 하늘 끝까지 이어지고 은빛 가을바람 쉬익, 눈부신 줄달음에 나도 그만 한줄기 바람으로 흩날린다.

온통 억새바다 하늘 끝까지 이어지고
은빛 가을바람 쉬익, 눈부신 줄달음에
나도 그만 한줄기 바람으로 흩날린다.
외딴 하늘 소슬하게 깊어가는 가을 민둥산
끝없이 물결치는 억새무리 햇살잔치 끝나자
금빛 옷 갈아입고 금관의 대관식을 치르다.
가을 민둥산 억새밭 운치겨운 잔치마당에 드니
거칠 것 없는 춤사위 따라 어깨춤이 절로 나고
신이 빚은 정원에 누우니 세상 일이 아득하다.

억새밭 사이로 난 길은 참빗으로 곱게 빗어넘긴 가르마 같다. 아득하게 이어지는 그 길을 따라가면서 여행객들은 문득 "아~아 으악새 슬피 우는 가을인가요…" 하는 유행가 구절을 흥얼거린다.

사람들은 흔히 '으악새'를 가을에 우는 새로 알고 있다. "으악새가 슬피 운다"니 그런 억측이 생길 법도 하지만 '으악새'는 '억새'를 이른다. 운율미를 살려 길게 늘린 음악적 표현일 뿐이다. 깊어가는 가을 억새잎들이 마른 몸을 비비며 사각거리는 소리를 "슬피 운다"고 했으니 아마도 사랑하는 이를 떠나보낸 슬픈 사연이 아직도 가슴에 남아 있나 보다.

나는 한가로이 은빛 산정에 누워 일렁이는 억새물결 위로 눈부시게 쏟아지는 햇살잔치에 푹 빠져 시간을 잊는다. 눈길을 돌려 멀리 북서쪽을 바라보니 억새평원 사이로 고병골과 우리 겨레가 오래 전부터 천제를 지내온 태백산이 눈에 밟힌다. 돌아누워 바라보니 남쪽으로도 웅장한 산들이 첩첩 어깨동무를 하고 있다. 산허리마다 흰구름이 감싸돌고 있어 마치 하얗게 파도치는 물결 위에 점점이 떠도는 섬들 같다. 아마도 구름 아래로는 만산홍엽滿山紅葉이 울긋불긋 가을 잔치를 벌이고 있을 게다.

바로 아래 산중의 거대한 웅덩이들은 이곳 주민들이 '발구덕' '발구데이'로 부르는 지형이다. 민둥산 일원에는 여덟 군데의 커다란 발구덕이 있다. 지질학자들의 설명에 따르면, 민둥산 땅 밑은 진흙과 물이 고

인 거대한 석회석 동굴이다. 다시 말해, 지반이 약해 움푹 꺼져 버린 돌리네가 발달해 있는 전형적인 카르스트 지형이다. 산을 내려와 들은 포장마차집 주인의 말은 믿어야 하나, 말아야 하나? ― "구덩이로 빨려들어간 배추가 산 아래 증산초등학교 옆 동굴로 흘러나오는 것을 봤다."

온종일 억새와 더불어 햇살잔치를 벌이던 해가 멀리 서산 능선 너머로 이울면 천지간이 온통 노을로 붉게 물든다. 바로 이 순간 민둥산의 억새도 옷을 갈아입는다. 은빛 억새밭은 금세 금빛 옷으로 갈아입고 장엄한 '금관의 대관식'을 거행한다. 눈물겹도록 아름다운 이 광경이야말로 민둥산 억새물결이 빚어내는 백미白眉 중의 백미다.

이 마지막 광경에 홀려 망연자실해 있다가 문득 정신을 차리고보니 땅거미가 깔리기 시작한다. 서둘러 하산하는 길에 산 아래를 바라보니, 띄엄띄엄 외딴 집들은 어느새 한 점 두 점 작은 별꽃 같은 불빛을 밝히고 있다.

소금강 오색 비경 골 깊은 정선 소금강 화암의 오색 비경에 취하다

이튿날 우리는 424번 지방도로를 달리고 있다. 산이 높으면 골이 깊은 법이던가. 골 깊은 길의 구불거림이 마치 뱀이 똬리를 튼 듯하다. 골 깊은 곳마다 화암畵岩!

말 그대로 그림 같은 바위가 병풍처럼 둘러쳐진 절경의 연속이다. 이런 비경을 숨기고 있는 정선의 동면 화암리에 들면 소금강 화암팔경이 기다리고 있다. 화암계곡의 절벽들은 무르익은 가을색으로 오색 향연

46

을 벌이고 있는 중이다. 자연히 서행할 수밖에 없는 길이다. 그런데도 차창 밖으로 펼쳐지는 점입가경의 풍광에 취한 나머지 하마터면 차선을 벗어나 벼랑으로 굴러 떨어질 뻔하기도 했다.

몰운대 언저리 농가 싸리울타리 너머 높은 덕대에서 가을 햇살에 말려지고 있는 노오란 옥수수 더미는 정선 오지마을만의 이채로운 진경이다.

정선팔경 가운데 가장 빼어난 풍광은 광대곡이다. 몰운대를 향하기 직전에 좌회전하여 들면 쉽게 찾을 수 있는데 많은 여행객들은 이 비경을 빼먹고 가기 십상이다.

돌단풍이 다닥다닥 붙어있는 깊은 계곡 안의 하늘을 찌를 듯한 절벽들인 칼바위·층층바위, 그리고 소년 장사의 슬픈 설화가 깃든 용마소·골뱅이소·바가지소를 비롯하여 협곡을 가르는 물줄기가 빚어내는 장쾌한 영천폭포 등의 절경이 아직 사람의 발때를 타지 않은 채로 골골에 숨어 있다.

화암계곡의 절벽들은 무르익은 가을색으로 울긋불긋 오색 향연을 벌이고 있는 중이다.

몰운대 붉은 벼랑 위 억년 비경이
수정 같은 강물에 흰구름 더불어 어리비치고
옛 문인들 풍류소리 아스라이 들리는 듯하다.

옛부터 많은 문인들이 풍류를 즐겼던 몰운대沒雲臺는 강변 높은 곳
에 그 비경을 올려놓고 있다.

청룡과 황룡이 서로 엉키어 격정적으로 하늘로 오르는 꿈을 꾼 후, 파
헤친 땅의 바위틈새에서 약수가 솟기 시작했다는 화암약수로 갈증을
달래본다. 철분의 농도가 진한 탄산천의 톡 쏘는 듯한 시원함이 마치
사이다 같다.

이곳 화암은 지상만 아름다운 게 아니다. 화암의 아름다움은 지하에
서도 꽃을 피우고 있었으니, 바로 화암동굴로 「금과 대자연의 만남」이
란 주제로 처음 속살을 내보인 테마 동굴이다. 약 1.8킬로미터에 이르
는 관람 코스의 서막은 폐광의 갱도로, 금광 당시의 모습을 재현해 놓
고 있다.

오로지 노다지를 찾을 일념으로 굴을 파는 데 청춘을 바쳤을 그 누군
가가 다시 살아와 그 굴이 관광 코스로 변해 있는 걸 본다면 아마도 그
부질없는 세월을 한탄할 것이다.

이어지는 코스는 '동화의 나라'와 '금의 세계'다. 황금에 대한 나의
막연한 탐욕은 도깨비를 형상화한 캐릭터를 이용해 금을 만드는 과정
을 동화처럼 즐기고 있다.

이곳을 지나면 천연 동굴이 펼쳐진다. 동양 최대를 자랑하는 유석폭
포와 자연이 빚어놓은 아름다운 대형 석주, 석순 무리 앞에서 여행객들
은 넋을 잃고 탄성을 자아내기에 바쁘다.

애틋한 사랑의 전설이 서린
아우라지를 건너다

증산~구절리역 100여 리 구간은 우리 나라에서 가장 작은 달랑 두
칸 짜리의 '꼬마기차'가 운행되고 있는 정선선이다. 깊은 산허리를 첩
첩이 에돌아 이 땅 최후의 오지를 지나는 정선 기찻길은 풍경이 있는
추억의 길이다. 전산화되기 전의 에드몬스식인 옛날 기차표를 받아쥐
면 옛 추억이 새록새록 인다.

'가는 날이 장날'이라고 마침 정선 5일장(2, 7일)이 서는 날이다. 깊

은 산골에서 서너 줌씩 생산된 각종 무공해 토종 먹거리들이 난전을 트고 있다. 장터 낮은 의자에 앉아 올챙이처럼 뽑은 올챙이묵을 비롯하여 감자옹심이, 감자부침, 수수제비치기 등을 맛본 여행객들은 저마다 옛 입맛의 그리움에 젖어드는 듯하다. 이런 장날이면 정선문화예술회관에서는 어김없이 「아리랑 창극」을 40여 분씩 무료 공연한다. 아이들과 동행이라면 이 창극을 함께 보며 '정선아라리'의 애잔한 사연에 가슴 적셔보는 것도 좋으리라.

조양강을 끼고 달리는 정선읍에서 구절리 구간의 차창 밖 풍광은 언제 보아도 청량하다. 문득 "다음 역은 여량역입니다~"라는 차내 안내방송이 내 깊은 사색을 깨운다. 역무원도 없는 간이역 여량에서 아우라지는 그리 멀지 않다. 대관령에서 시작한 송천과 한강의 발원지인 태백의 검룡소에서 흘러든 골지천이 '아우라지는' 곳이 아우라지다. 정선 아리랑의 노랫말 가운데 "아우라지 뱃사공아 배 좀 건네주게"라는 구절은 이 아우라지 강을 사이에 두고 살면서 사랑을 나누던 남녀의 애틋한 사연에서 비롯한다.

예전에 한양으로 아름드리 원목을 운반하던 뗏목들의 출발점이기도 한 이곳은 영화 「봄날은 간다」의 촬영지이기도 하다. 상우(유지태 분)와 은수(이영애 분)가 시냇물 소리를 녹취하던 바로 그곳이다. 영화 속 여주인공 은수가 콧노래로 흥얼거리던 「사랑의 기쁨」을 나는 휘파람으로 부르며 강변으로 가는 들길을 한들한들 질러가고 있다. 이별을 미리 알고 나누는 사랑은 기쁨일까, 슬픔일까?

강 이편 저편을 무시로 오가며 낡은 줄나룻배를 부리는 늙수레한 사공이 나직히 읊조리는 「정선 아리랑」 한 대목이 가을 여행길에 나선 숱한 연인들에게 아우라지에 서린 아련한 사랑의 전설을 들려준다.

아우라지 뱃사공아 배 좀 건네주게
싸리골 올동백이 다 떨어진다
떨어진 동백은 낙엽에나 쌓이지
잠시 잠깐 님 그리워 나는 못살겠네

아름다운 절점부석사에 들다
애틋한 사랑이 어린

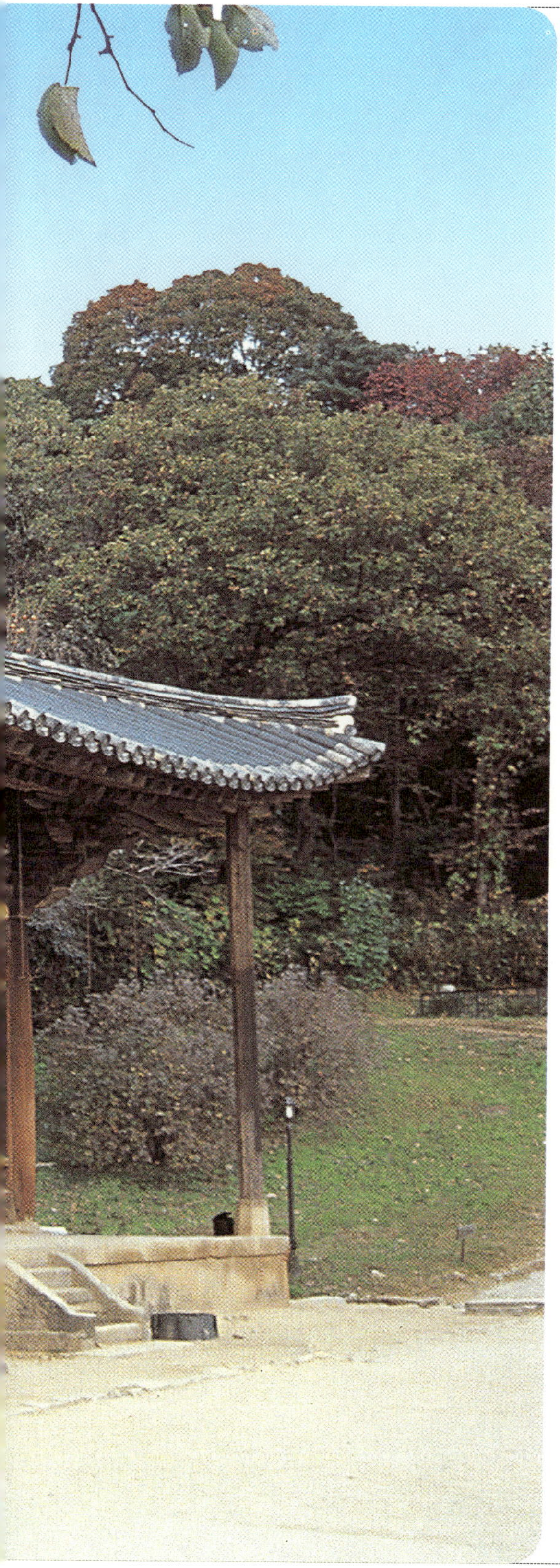

부석사로 드는

금빛 가을길을 걸어들어

무량수전을 감상하고,

솔숲길을 걸어

소수서원에 들다.

가는 길(서울 기점) | 경부(중부)고속도로⇨신갈(중부 호법)나들목
⇨영동고속도로⇨남원주나들목⇨중앙고속도로⇨풍기나들목⇨
931번 지방도로⇨소수서원⇨부석사

맛집 | 종점식당(054-633-3262)의 산채정식 | 맛나식당(054-
422-3380)의 오소리감투전골

머물 집 | 소백산자연휴양림(054-636-5928) | 2010모텔(054-
638-2010) | 코리아호텔(054-633-4445)

주변 명소 | 희방폭포, 희방사

여행정보 안내 | 영주시청 문화관광과(054-639-6062, www.
yeongju.go.kr) | 부석사과축제(054-639-6610)

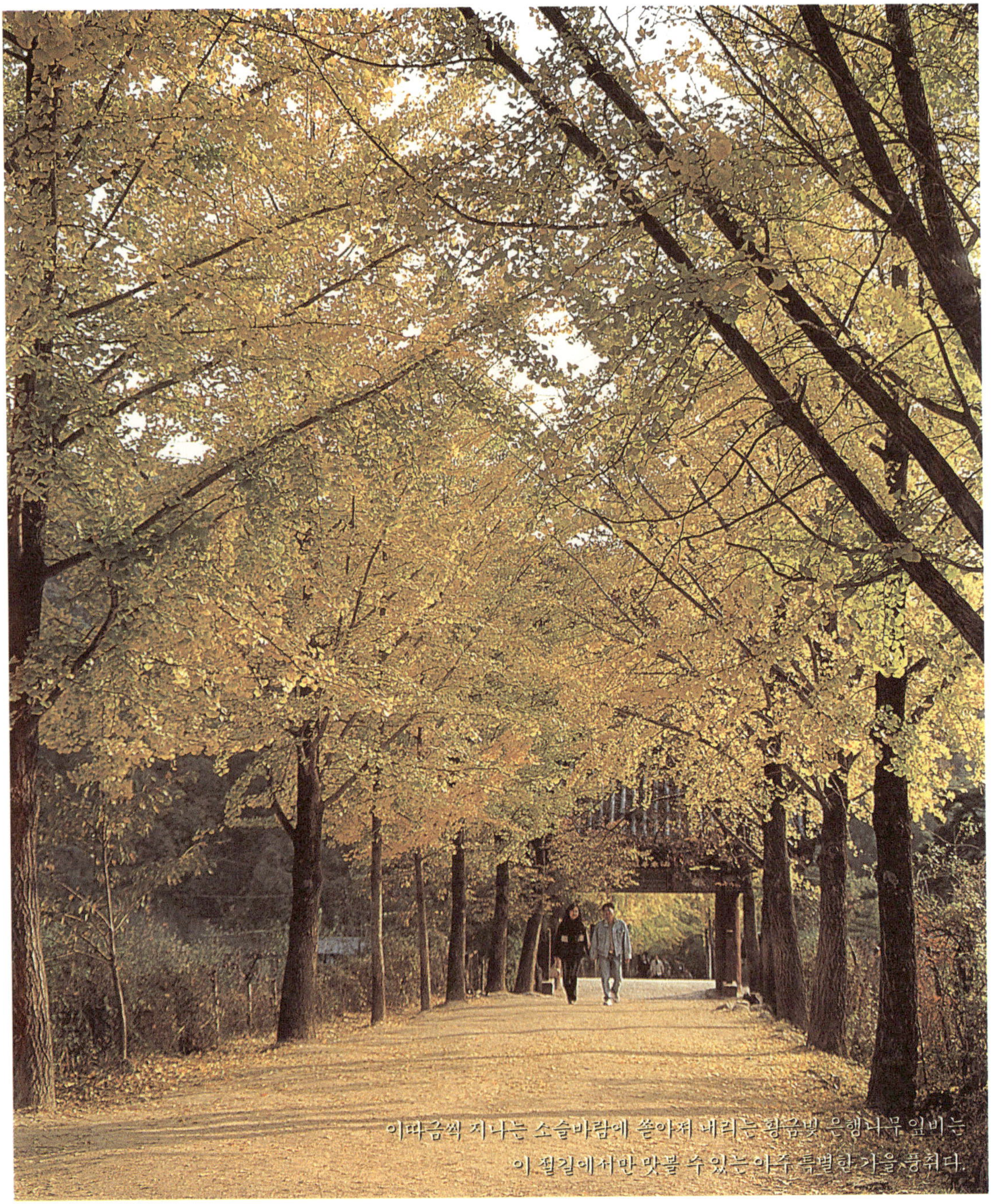

부석사 들어가는 길

금빛 은행나무길을
걸어 극락정토에 들다

부석사는 나지막한 봉황산 자락에 자리하고 있다. 사하촌寺下村을 지나 그 절집으로 오르는 길은 온통 노오란 가을로 물든 흙길이다. 길 양옆으로 1킬로미터 남짓 줄지어선 은행나무들은 지금 황금빛 잔치를 벌이고 있는 중이다. 이따금씩 지나는 소슬바람에 쏟아져 내리는 황금빛 은행나무 잎비는 이 절길에서만 맛볼 수 있는 아주 특별한 가을 풍취다. 과연 유홍준 교수가 "조선땅 최고의 명상로"라고 찬탄한 뜻을 비로소 알 만하다.

이 길이 안겨주는 매력은 이뿐 아니다. 은행나무 뒤 산비탈 과수원에는 발갛게 익어가는 사과 천지다. 맛과 향이 좋고 당도가 높아 일명 '꿀사과'로 불리는 영주사과다. 수줍은 듯 가을 햇볕에 볼을 붉힌 햇사과를 한 입 베어물면 잘 익은 가을 정취가 물씬 입 안 가득 퍼질 듯하다. 해마다 사과가 수확되는 10월말이면 절 아래 마을에서는 '부석 사과 축제'가 펼쳐진다. 사과 따기 체험, 사과 길게 깎기, 사과 먹기 등 사과를 주제로 한 체험 마당에서 온 가족이 함께 마음껏 잘 익은 사과처럼 상큼한 가을을 즐길 수 있다.

좀처럼 노란 채색의 붓을 놓지 않는 황금빛 길을 걸어 일주문을 지나 천왕문에 이르면, 그 앞에 통일신라시대의 당간지주가 1300여 년의 세월을 이긴 채 우뚝 서 있다. 사뿐히 내려앉은 은행잎을 아껴 밟으며 돌계단을 올라 천왕문을 지나려니 문득 두 눈을 부릅뜬 사천왕이 "그대는 죽어가는 이를 살리고, 힘없는 이를 돌본 적이 있는고?" 하고 일갈하는 듯하다.

가을 부석사, 그 절로 오르는 길은
금빛 은행잎 비처럼 날리는 화엄의 길
그 길가에서 발갛게 볼을 붉힌 사과
한 입 크게 베물고 가을에 젖다보면
어느새 안양문 지나 극락정토…
무량수전 고아한 아름다움에 보태
선묘의 애틋한 사랑 이야기 깃들어
더욱 향내나는 절집, 부석사

사랑도 이쯤 되면 속과 비속, 이승과 저승의 모든 경계를 넘어서 숭고한 경지에 이른다.
오늘도 고적한 부석사의 밤을 선묘낭자의 숭고한 사랑 이야기가 애틋하게 적신다.

"무량수전 배흘림기둥에 기대서서"
극락정토를 그리다

부석사의 정점은 아미타불이 계신 무량수전이다. 이곳에 오르는 길은 경사진 봉황산 중턱을 깎아 만든 108계단이다. 백팔번뇌를 상징하는 계단을 오를수록 고통의 사바세계는 멀어지고 극락은 점점 더 가까워진다. 부석사의 가람 배치는 9품 만다라의 이미지를 구현하고 있다. 중심축선은 마지막 안양루에 오르면서 살짝 꺾이게 하여 자연스런 공간미를 연출하고 있다. 무량수전으로 오르는 마지막 관문은 극락을 뜻하는 안양문安養門이다. 그러므로 안양문을 지난다는 것은 "아, 무량수전의 극락정토!"로 들어서는 것이다.

배흘림기둥에 기대서서 안양루에 잡히는 아득한 풍광과 전각 앞의 석등 주위 절마당 분위기에 젖어본다. 현존하는 가장 오래된 목조건물인 무량수전은 누구나 가장 아름다운 옛 건축물로 꼽는 데 이의가 없다. 특히 볼록한 배흘림기둥과 사뿐히 고개를 든 듯한 지붕의 추녀가 빚어내는 곡선미는 한국미의 상징으로 얘기된다. 창건 당시의 상징적인 유물인 석등의 화사석 각면에 조각되어 있는 보살상도 눈길을 끈다. 고개를 살짝 돌린 채 수줍은 듯 벙근 미소가 아름답기 그지없다.

스님의 앞선 걸음을 좇아 무량수
전 옆으로 돌아드니, '浮石'이라
는 글자가 선명하게 새겨진 10
여 미터 길이의 평평한 바위가
놓여 있다.

국립박물관장을 지내고 지금은 고인이 된 최순우 선생은 『한국미, 한
국의 마음』에서 고려 건축물의 백미로 꼽히는 부석사 무량수전의 아름
다움을 이렇게 적어 놓고 있다.

> …소백산 기슭 부석사의 한낮, 스님도 마을 사람도 인기척도 끊어진 마당
> 에는 오색 낙엽이 그림처럼 깔려 초겨울 안개비에 촉촉히 젖고 있다. 무량
> 수전, 안양루, 조사당, 응향각들이 마치도 그리움에 지친 듯 해쓱한 얼굴로
> 나를 반기고, 호젓하고도 스산스러운 희한한 아름다움은 말로 표현하기가
> 어렵다. 나는 무량수전 배흘림기둥에 기대서서 사무치는 고마움으로 이
> 아름다움의 뜻을 몇 번이고 자문자답했다….

절집의 세세한 구조적 아름다움까지 감상할 능력이 없는 나로서는
최순우 선생의 눈곱 정도로 이 절집을 살피기도 턱없다. "무량수전 배
흘림기둥에 기대서서 사무치는 고마움으로 이 아름다움의 뜻을 몇 번
이고 자문자답했다"는 선생의 감상에 취해 그저 배흘림기둥에 기대서
서 현인의 안목을 흉내내어 볼 뿐이다.

무량수전 안에는 국내 최고라는 소조불상이 모셔져 있다. 불상은 여
느 법당처럼 정면을 보지 않고 동편 벽면을 향해 앉아 있다. 화엄종의
근본도량으로 법신불인 비로나자불을 모셔야 함에도 아미타여래를 모

신 것이 특이하다. 한 스님의 말에 따르면 "이런 파격은 의상대사께서 서민들 사이에 실천적인 화엄교단을 세우려 한 취지"라고 한다.

무량수전 왼편 낮은 언덕 위에는 삼층석탑이 서 있다. 푸른 산죽과 단풍 든 떡갈나무가 정겨운 오솔길이 끝나는 곳에 조사당祖師堂이 있는데, 부석사를 창건한 의상대사를 모신 집이다. 단칸 맞배지붕 주심포집의 단아함이 아름답다. 아쉽게도 의상대사 곁에선 선묘낭자의 그림자조차 찾아볼 수 없다.

다시 돌아 내려와 삼층석탑 앞에 설 즈음에 "아, 찬연하게 황금빛 사위를 내리는 저녁 노을!" 이 무량수전 앞마당과 석등, 절마당, 안양루 그리고 그 아래로 경배하듯 엎드린 절집들의 지붕을 붉게 물들이고 있다. 그 노을빛 너머로 첩첩 굽이굽이 소백산 자락에서 흘러내린 산봉우리

들이 남으로 서로 앞서거니 달려가는 풍광은 장쾌하기 그지없다. 이 절 집을 찾았을 숱한 시인묵객들이 저 장엄한 풍경을 놓쳤을 리 만무하다. 방랑시인 김삿갓도 안양루에 올라 시를 남겼으니 그 소회가 자못 절절 하다.

> 평생에 여가 없어 이름난 곳 못 왔더니
> 백수가 된 오늘에야 안양루에 올랐구나
> 그림 같은 강산은 동남으로 벌려 있고
> 천지는 부평같이 밤낮으로 떠 있구나
> 지나간 모든 일이 말 타고 달려온 듯
> 우주 안에 내 한 몸이 오리 마냥 헤엄치네
> 백년 동안 몇 번이나 이런 경치 구경할까
> 세월도 무정하다 나는 벌써 늙어 있네

세월은 한참을 지났건만, 김삿갓의 회한 어린 찬탄은 누안에 편액의 시로 걸려, 눈 밝은 여행자들의 마음에 아름다운 서경으로 지금 이 순 간도 되살아나고 있다. "아, 장엄한 백두대간 자락들의 넘실대는 굽이 굽이여!"

무량수전의 동편에는 의상대사를 흠모하여 용이 되었다는 선묘낭자 를 추모하는 선묘각이 세워져 있다. 마침, 공양을 마치고 절마당에서 한가로이 여유를 찾는 한 젊은 수도승에게 청했다. "스님, 방해가 되지 않으시다면, 부석사를 창건할 무렵 의상대사와 선묘낭자의 사연을 듣 고 싶은데… 가능한지요?"

"그러세요, 선묘각 서편으로 '浮石'(부석)이라고 새긴 큰 바위덩이를 보셨는지요?" "눈이 어두워 아직 보지 못했습니다." 스님의 앞선 걸음 을 좇아 무량수전 옆으로 돌아드니, '浮石'이라는 글자가 선명하게 새 겨진 10여 미터 길이의 평평한 바위가 놓여 있다.

"이 뜬돌에는 부석사가 세워질 무렵 대사를 연모했던 선묘낭자의 사 랑의 설화가 서려 있지요. 대사와 선묘낭자의 애틋한 사연은 젊은 의 상의 당나라 유학 시절로 거슬러 올라갑니다. 대사가 수련중에 병이 들어 양주성 어느 신도 집에서 요양을 하게 되었는데, 그 집 따님인 선묘낭자가 그만 대사에게 연정을 품고 유혹하려 했다지요. 구도의 일념에 찬 대사의 마음을 움직일 수는 없었지만 그에 감명받은 선묘낭자가 대사에게 귀의하여 모든 것을 바치겠다는 서원까지 세웠답니다.

그 후에 화엄학의 정수를 체득한 대사가 후의에 감사하고자 양주성 선묘낭자 집에 들렀지만 낭자는 출타중이어서 만나지 못하고 그냥 떠나오게 되었나봐요. 뒤늦게 이 소식을 전해들은 낭자가 포구로 달려왔지만 대사가 탄 배는 이미 수평선 너머로 사라지고 있었겠지요. 그 때 선묘낭자는 합장을 하고 간절하게 기도를 올렸다지요. '제 몸이 용으로 변하여 수천 리 뱃길을 보호하겠나이다' 하고 말이지요. 부처님도 그 정성에 감동하셨는지 낭자의 소원을 들어주셨다는군요.

당나라에서 귀국한 대사가 이곳에 절을 세우려 하는데, 이미 머물러 있던 500여 명의 기존 종파 무리들이 방해하므로 곤경에 처하게 되었나봐요. 이때 선묘낭자가 큰 바위로 변해 방해하는 무리들의 머리 위로 둥둥 떠돌아다니며 위협을 하니 모두 혼비백산하여 물러서더랍니다. 그리곤 대사가 이 뜬돌의 공력으로 절을 짓게 되었다는 이야기가 전해지지요. 그래서 뜬바위가 된 선묘낭자의 넋을 기리기 위해 절의 이름을 부석사浮石寺로 지었답니다. 선묘낭자는 이에 그치지 않고 부석사를 영원히 지키고자 석룡으로 변하여 무량수전 밑에서부터 절 마당 석등자리까지 몸을 묻고 지키고 있다고 합니다. 얼마 전, 무량수전 불단 밑에 돌로 깎은 용이 묻혀 있는 사실도 확인되었지요."

사랑도 이쯤 되면 속과 비속, 이승과 저승… 모든 경계를 넘어서 숭고한 경지에 이른다. 오늘도 고적한 부석사의 밤을 선묘낭자의 숭고한 사랑 이야기가 애틋하게 적시고 있다.

솔향 그윽한
옛 선비들의 이상향에 들다

풍기 소수서원

소수서원은 '이상향' 의 꿈을 현실에서 이루고자 한 사림土林의 상징이다. 조선 중종 37년(1542년)에 풍기군수 주세붕이 고려말의 대학자 안향의 영정을 모셔 백운동서원으로 시작된 '우리 나라 최초의 사액서원' 이다. 조선시대의 사립대학격인 이 서원은 조선 중후기에 수많은 인재를 배출하면서 학문과 정치의 요람이 되었다.

서원으로 드는 길은 솔숲길에는 수백 년에서 천 년에 이르도록 만고

풍파를 이긴 적송 수백 그루가 허리를 굽히고 여행객을 맞이한다. 그윽한 솔향기에 온 심신이 상쾌하다. 오른편으로는 소백산에서부터 흘러온 죽계수가 솔숲 그림자를 담고 운치 있게 흐르고 있다. 죽계천 건너에는 퇴계 이황이 공부하는 유생들의 휴식처로 지은 취한대翠寒臺가 글을 읽듯 앉아 있다.

서원 정문을 들어서면 유생들이 모여서 강학을 듣던 명륜당이 있는데, '白雲洞'(백운동)과 '紹修書院'(소수서원) 현판을 달고 있는 서원의 주건물이다. 강학당 뒤에는 원장이 머물던 직방재直方齋가 있고, 그 옆으로는 교수들의 방인 일신재日新齋가 들어서 있다. 일반 서생들이 머물던 학구재學求齋와 지락재至樂齋는 "스승의 그림자도 밟지 않으려는" 듯 교수들 방에서 멀찍이 물러나 오목조목 단출한 모습으로 앉아 있다.

서원 앞에 죽계수가 북에서 남으로 흐르고, 그 냇가에 바위가 병풍처럼 둘러쳐져 있으며 그 밑에 깊은 소沼가 있다. 이 소는 별다른 이름 없이 "백운동 소"라고 불리는데 소 위에는 '白雲洞'(백운동)이라는 글씨가 음각된 바위가 있고, 그 밑에는 붉은 글씨로 '敬'(경)자가 새겨져 있다. 이 '敬' 자에는 전설 같은 사연이 서려 있다.

이 서원 터에는 신라 때 세워진 숙수사宿水寺라는 거찰이 있어 참배객들의 발길이 끊이지 않았다. 그러나 불행하게도 세조 3년(1457년) 이곳 순흥에서 금성대군과 의사들의 단종 복위 거사 계획이 탄로나면서 세조가 보낸 관군들에 의해 숙수사도 불타버리고, 대부분의 의사들은 백운담 소에 수장되었다(그때 의사들의 시신에서 흘러나온 피가 죽계를 타고 10여 리나 흘러 멎은 곳은 지금도 '피끝마을'로 불리고 있다). 뜻을 이루지 못하고 순절한 의사들의 넋이 이때부터 밤만 되면 울었는데, 그 울음이 90년을 넘어 서원 창건 후까지 이어졌다. 이에 주세붕이 바위에 주자학의 근본 도리이자 공경의 의미가 담긴 '敬'(경)자를 새기고 붉은색을 덧입혀 원혼들을 위로하였다. 그후로는 원혼들이 울음을 그치고 편히 잠들게 되었다고 한다.

진홍빛 꽃불에 욕망을
살라 먹고 상생의 도를 배우다

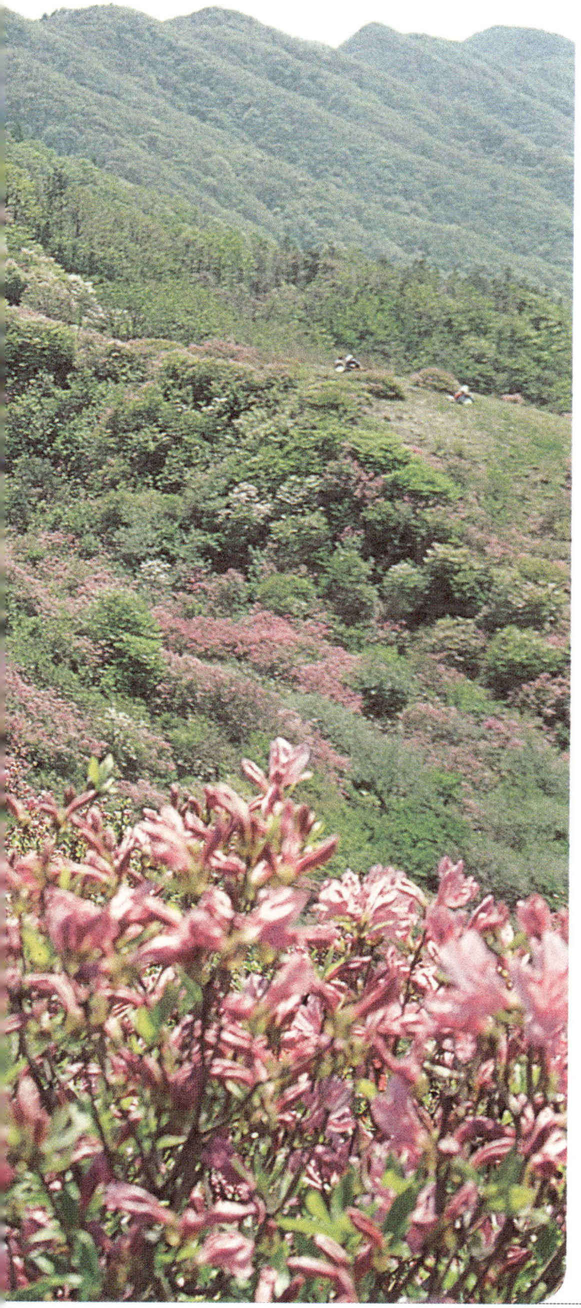

지 리 산 바 래 봉

철 쭉 바 다 를 너 울 너 울 타 다 가

선 우 도 량 의 중 심 실 상 사 에 서

상 생 의 도 를 들 은 후

노 고 단 의 운 무 에 감 싸 이 다.

가는 길(서울 기점) | 대진고속도로⇨함양에서 88고속도로 남원 방향⇨지리산나들목⇨인월면⇨운봉읍⇨용산리 | 호남고속도로⇨전주나들목⇨남원⇨운봉(바래봉 산행길)

맛집 | 운봉 청송회관(063-636-2870)의 손맷돌 두부찌게와 청국장 | 산내면 산내식당(063-636-3734)과 유성식당(063-636-3046)의 '진짜' 지리산 똥돼지구이 | 화엄사 들목 지리산 대통밥집(061-783-0997)의 대통녹차밥 | 백화회관(061-782-4033)의 산채정식

머물 집 | 인월면 지리산 구룡관광호텔(063-636-5733) | 흥부골자연휴양림(063-620-6201) | 산내면 토비스콘도(063-636-3663) | 일성콘도(063-636-7000) | 운봉읍 옥계타운(063-634-1238)

주변 명소 | 남원 광한루, 춘향골, 지리산, 섬진강

여행정보 안내 | 바래봉 철쭉제 - 운봉읍사무소(063-634-0301) | 노고단 방문-국립공원관리공단 홈페이지(www.npa.or.kr)에 예약 필수. 1일 4회(10:00, 13:00, 14:30, 16:00)만 탐방 가능.

바래봉의 철쭉

마지막 봄꽃 잔치
바래봉 철쭉제에 초대받다

오월 중순, 이 땅의 봄길을 모두 데리고 떠날 듯하던 벚꽃 잔치도 끝나고 거리는 온통 연초록빛이다. 봄꽃의 향연은 이것으로 끝난 것일까? 그러나 다행히도 남도의 철쭉이 산등성을 온통 불길처럼 수놓으며 마지막 봄꽃 잔치를 열고 있다는 반가운 소식이 바람결에 실려왔다. 그 가운데 가장 화려한 철쭉 잔치로 이름난 '지리산 바래봉 철쭉제'가 이 늦봄에 우리 가족을 초대한다.

백두대간의 마지막 정기를 모두어 안은 지리산은 3도 5시군(전북 남원, 전남 구례, 경남 산청·하동·함양)에 걸쳐 있어 그 자체가 하나의 거대한 산맥이다. 동방의 5악五嶽(백두산·금강산·묘향산·북한산·지리산) 가운데 남악南嶽으로 "어리석은 사람이 머물면 지혜로워진다"고 하여 '지리산智異山'이라 불렀고, "멀리 백두대간이 흘러왔다"고 하여 '두류산頭流山'으로도 불렀다. 또 옛 삼신산三神山의 하나인 '방장산方丈山'으로도 알려져 있다.

지리산 연봉의 북쪽 끝머리 바래봉(1,165미터)은 절간의 밥그릇인 바리때(바루)를 엎어놓은 모습 같다고 하여 붙여진 이름 그대로 둥그스름한 모습이다. 게다가 면양목장의 임도를 따라 비교적 쉽게 오를 수 있어 가족과 함께하는 한나절 꽃산행으로는 아주 그만이다.

면양목장 안에 자리한 바래봉 산행의 출발점은 국립종축원 입구다. 목장의 임도를 따라 걷는 다소 밋밋한 산행길이 지루해질 만하면 핏빛 철쭉 무리가 능선을 수놓기 시작한다. 철쭉샘에서 목을 축이고 약간 가파라지는 돌밭길을 오르면 임도가 끝나는 정상 바로 아래의 언덕이다. 예서부터 진홍빛 철쭉은 가히 꽃바다를 이루기 시작한다. 북서쪽 저 아래로 남원시내와 운봉읍, 동쪽으론 인월면 마을들, 그리고 더 멀리로 덕유산이 바라보인다.

다시 완만해진 길을 오르면 이내 갈림길이 나오고 왼쪽이 바래봉 정상으로 가는 길이다. 예서부터는 천왕봉, 반야봉, 노고단, 만복대 등 지리산 연봉을 한눈에 조망할 수 있는 최상의 전망대다.

오른쪽 팔랑치와 세걸산으로 이어지는 1.5킬로미터 팔랑치 능선이

바로 철쭉 불길의 절정을 보여주는 곳이다. 선홍빛 꽃밥그릇을 엎어놓은 듯, 말 그대로 만산홍화萬山紅花다.

수수한 아름다움을 지닌 철쭉은, 눈으로 보기보다는 마음으로 느끼는 꽃이다. 그래서인가, 철쭉의 꽃말은 "사랑의 기쁨"이다.

누군들 이런 철쭉을 보면 사랑하는 이에게 한 무더기 꺾어 바치고픈 생각이 들지 않을 손가. 문득 수로부인에게 「헌화가」를 부르며 벼랑 위의 철쭉을 꺾어 바친 '소 끄는 노인'의 열정이 부러워진다.

철쭉샘에서 목을 축이고 약간 가파라지는 돌밭길을 오르면 임도가 끝나는 정상 바로 아래의 언덕이다. 예서부터 진홍빛 철쭉은 가히 꽃바다를 이루기 시작한다.

붉디 붉은 바위 끝에
잡고 온 암소를 놓아두고
나를 부끄러워 아니하신다면
저 꽃을 꺾어 바치겠나이다

바람에 땀을 식히며 타는 불길을 바라보고 있노라니 누군가 묻는다.

"철쭉 하고 진달래 하고는 똑같잖여?"

"그게 아니지요. 진달래는 철쭉보다 먼저 피는데, 진달래는 꽃부터 먼저 피우고 나중에 잎을 내놓지요. 철쭉은 그 반대로 잎을 먼저 내놓은 다음에 꽃을 피우지요. 아참, 게다가 진달래는 먹을 수 있는 꽃이라고 해서 참꽃이라 부르고, 철쭉은 독이 있어 먹을 수 없는 꽃이라고 해서 개꽃이라 부르지요."

"그래서 진달래는 모두 방목된 면양들이 갉아먹어 버리고 철쭉만 남았다는 말이 맞구만요. 그렇다면 바래봉 철쭉바다는 신이 아니라 면양들이 빚은 조경 솜씨구만요."

여기서 하산길은 두 갈래인데, 나는 세걸산을 거쳐 정령치로 가는 지리산 종주 코스를 다음으로 기약하고 팔랑치 거쳐 임도를 따라 산덕리 지나 운봉읍으로 내려왔는데, 왕복 5시간이 걸렸다.

귀밝은 여행객이라면 여기서 운봉의 중요한 유적인 황산대첩비荒山大捷碑를 지나칠 수가 없다. 운봉에서 인월 쪽으로 5리쯤 가면(운봉읍 화수리) 이 비를 만날 수 있다. 황산은 예서 다시 7~8리쯤 동쪽으로 너 들어간 자리에 있는 나직한 산이다. 고려 우왕 6년(1380년), 이곳에서 이성계 장군이 부장 이두란 장군과 함께 왜적을 크게 섬멸하였으니, 이른바 황산대첩이다. 이 전승을 기리기 위해 선조 10년(1577년)에 건립한 비가 바로 황산대첩비다. 그러나 원래의 비는 일제가 여러 동강을 내고 글자는 모두 지워버린 나머지 비신 조각만이 파비각破碑閣 속에 보관되어 있으니, 나라 잃은 설움을 톡톡히 겪은 셈이다.

아영의 인월요업역사관에서 한식 산나물 뷔페로 이른 저녁을 먹고 요업전시관을 둘러본 후 황토한증탕에서 산행의 피로를 풀었다.

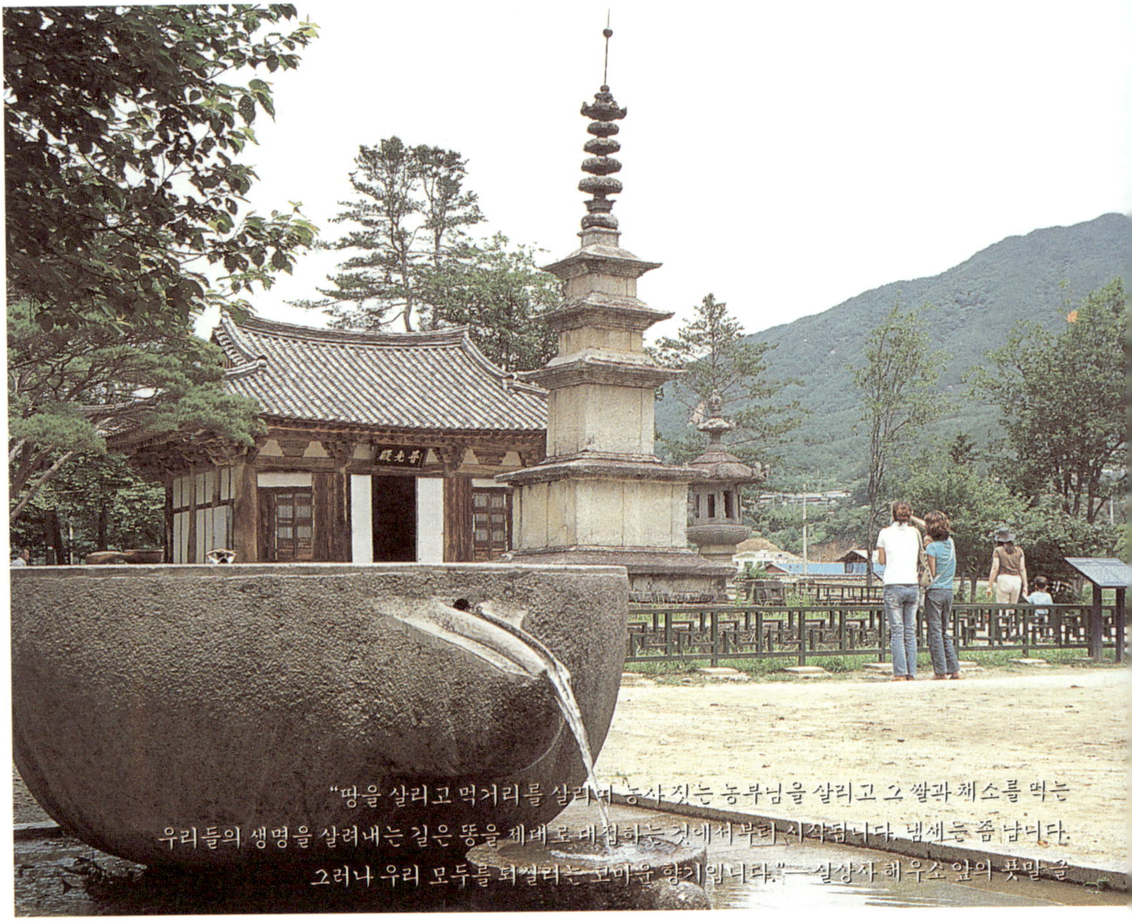

"땅을 살리고 먹거리를 살리며 농사짓는 농부님을 살리고 그 쌀과 채소를 먹는 우리들의 생명을 살려내는 길은 똥을 제대로 대접하는 것에서부터 시작됩니다. 냄새는 좀 납니다. 그러나 우리 모두를 되살리는 고마운 향기입니다."—실상사 해우소 앞의 푯말 글

선우도량의 근본도량 실상사

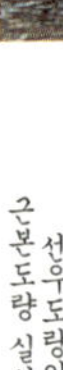

깨달음과 실천을 합일하는 실상사에서 상생의 도를 듣다

지리산 북쪽 자락 널직한 평지(남원시 산내면)에 자리한 실상사實相寺는 숱한 대덕고승을 배출한 천년 고찰이다. 통일신라 흥덕대왕 3년(828년)에 구산선문九山禪門 가운데 맨 처음 문을 연 실상사는 두 번의 재난으로 소실과 중건을 거듭한 끝에 오늘에 이르고 있다.

임천강을 가로지른 해탈교를 건너기 전에 맞닥뜨린 돌장승의 기세가 만만치 않다. 땋은 수염을 왼쪽으로 구부리고, 벙거지를 쓴 머리에 왕

방울 같은 눈을 부라리며 꾹 다문 입술 사이로 어금니와 송곳니를 드러 낸 모습이 누구나 쉬 통과시켜 줄 것 같지 않다. 가슴을 쓸어내리며 해 탈교를 건너자 또 두 기의 돌장승이 사천왕상 같은 위엄으로 지켜서서 "네 이눔! 어디서 놀다 이제야 나타난 게냐?" 하고 호통을 치는 듯하다.

천왕문을 지나 경내로 들어서면 정면으로 주법당인 보광전이 마주보 인다. 앞에는 장중하면서도 아름다운 석등 하나와 절묘한 균형미를 자 랑하는 삼층석탑 두 기가 서 있다. 약사전을 지나 스님들이 기거하는 요사채에서 흘러나오는 「화엄경」 독경 소리를 따라가다보면 거북 모양 의 탑비를 만나게 된다. 자세히 살펴보면 '凝蓼塔碑' (응료탑비)라는 글 자가 보인다. 바로 실상사가 한국 불교에서 차지하는 위치를 만나는 순 간이다. '응료凝蓼' 는 최초 선종가람의 개산조開山祖인 홍척국사洪陟 國師를 이르고 있기 때문이다.

보광전 오른편의 약사전 꽃창살문은 참으로 예쁘다. 그 섬세한 솜씨 에 취한 채 문을 여는 순간 눈을 부라리며 노려보는(?) 무시무시한 철불 에 그만 놀란 가슴을 쓸어내린다. 철제약사여래좌상이다. 약사여래불 은 아픈 곳을 낫게 해주고 현실세계의 고통을 덜어주는 부처다. 오늘날 의 실상사가 상생相生과 평화의 행함을 사부대중과 지역공동체 속에서 구현하는 모습이다.

1 보광전 오른편의 약사전 꽃창 살문은 참으로 예쁘다. 그 섬세 한 솜씨에 취한 채 문을 여는 순 간 눈을 부라리며 노려보는(?) 무시무시한 철불에 그만 놀란 가 슴을 쓸어내린다.

2 돌장승이 사천왕상 같은 위엄 으로 지켜서서 "네 이눔! 어디서 놀다 이제야 나타난 게냐?" 하고 호통을 치는 듯하다.

　그 한가운데는 바로 실상사 주지 도법스님이 있다. 이 땅에 "전쟁이 일어나면 인간띠를 만들자"는 운동의 선봉에 서서 십만 명 지리산 평화결사운동원 모집에 열성을 바치고 있는 스님이다.

　'새만금 개펄을 살리기 위한 삼보일배' 행렬의 선봉에 섰던 수경스님도 이곳 실상사 수행 스님이다. 땡볕에 달궈진 아스팔트 800리 길을 60여 일 동안 세 걸음 걷고 한 번 절하길 거듭하는 삼보일배三步一拜의 거룩한 고행을 이미 다져온 절인 것이다. 그저 TV 화면에서나 건성으로 바라보며 그 참된 뜻조차 가늠하지 못했다면 참으로 부끄러워해야 할 터이다.

　이렇게 실상사는 승풍을 진작하고 올바른 수행자상을 확립하려는 스님들의 결사모임인 '선우도량'(善友道場, 1990년 11월에 결사)의 근본 도량으로 자리잡고 있는 중이다. "간화선看話禪(화두를 근거로 수행에 정진하여 깨달음을 얻는 참선법)을 우뚝 일으켜 세우려면 무엇보다 일

그리고보니 천왕문 앞 논 가운데 벼포기 사이를 누비고 다니던 오리 식구들도 바로 유기농법의 전령사들이었나 보다.

상생활에서 수행자의 윤리적 실천이 중요하다"는 도법스님의 설법대로 실상사는 깨달음과 실천을 합치시켜 중생의 삶을 거듭나게 하려는 인드라망 생명공동체 운동의 근본도량이 되고자 정진하고 있다. 그 구체적인 실행 방안으로 '단절과 경쟁의 대립을 이겨내기 위한 사부대중 공동체, 생명을 살리는 환경운동과 건강한 먹거리를 만드는 유기농업, 그리고 대안교육' 등을 실천하고 있다.

그러고보니 천왕문 앞 논 가운데 벼포기 사이를 누비고 다니던 오리 식구들도 바로 유기농법의 전령사들이었나 보다. 실상사는 고단했던 IMF 구제금융 시절에 귀농학교를 열어, 오갈 데 없는 실업자들을 따뜻하게 끌어안기도 했다. 상생의 기쁨을 참으로 아름답게 깨우쳐주는 실상사의 실천수행 앞에선 무신론자인 나 역시 옷깃을 여미지 않을 수 없다. 그렇구나, 견성성불見性成佛—자기 본래의 성품을 깨달아 아는 것이 곧 부처가 되는 것이구나.

요사채 앞의 해우소解憂所는 우리 모두를 되살리는 생태 뒷간으로 거듭나느라고 냄새가 좀 난다. 해우소 앞의 안내문을 소리 높여 읽고 또 읽는다— "땅을 살리고 먹거리를 살리며 농사 짓는 농부님을 살리고 그 쌀과 채소를 먹는 우리들의 생명을 살려내는 길은 똥을 제대로 대접하는 것에서부터 시작됩니다. 냄새는 좀 납니다. 그러나 우리 모두를 되살리는 고마운 향기입니다."

실상사는 부속 암자인 백장암과 약사암 등을 포함하여 국보 1점과 보물 11점 등 가장 많은 문화재를 지니고 있다. 그러나 어디 눈앞에 보이는 것만이 보물이겠는가? 상생相生의 불법佛法을 수행 가운데 몸소 실천하고자 하는 실상사 스님들이 가장 귀한 보물이 아닌가 싶다.

> 마지막 가는 봄의 뒷자락을 붙들고
> 핏빛 꽃불에 남김없이 사른 욕망을
> 상생의 싹이 트는 선우도량 보광전에
> 견성성불의 깨우침으로 고이 바치는
> 뒷모습은 아름답기 그지 없구나.

산자락 첩첩 지리산
'구름 위의 꽃밭'에 오르다

뱀사골에서 성삼재를 거쳐 구례 천은사나 화엄사로 넘어가는 861번 지방도로는 지리산을 가로지르는 도로다. 영산의 맥을 끊어 그 기운과 풍미를 훼손하고 그 안에 깃든 생명들의 생존을 위협하는 인간 편의주의의 횡포를 극명하게 보여주는 흉물이다. 그러나 한편으로 이 도로는 '지리산의 너르고 깊은 품을 더듬어 보며 지날 수 있는 환상의 드라이브 코스'로 각광받고 있다니 이 길에 들 때마다 나는 늘 그 가치 판단이

혼란스럽다. 아무리 그렇더라도, 끝까지 간직하고 싶었던 마지막 보물을 잃어버린 듯한 서운함을 달랠 길이 없다.

반야봉의 듬직한 밑둥치를 돌아 쏟아져 내리는 물길이 폭포를 연출해내고 있는 달궁계곡을 지나 길은 점점 더 깊이 지리산의 내밀한 속살까지 더듬어간다. 해발 1,100미터의 성삼재는 이 길에서 가장 높은 '지리산전망대' 다. 겹겹이 포개진 지리산 자락의 신비로운 아름다움과 그 초록 산정을 백학의 나래짓으로 넘나드는 구름이 한없이 자유로워 보인다. 산 아래로는 구례·남원 일원의 평야가 한눈에 들어온다.

이곳 성삼재에서 한 식경 정도 걸어 오르면 야생화가 황홀경을 이루고 있는 구름 속의 노고단이다. 노고단으로 가는 길 아래로는 구례 들녘에서 무럭무럭 피어오르는 운해로 산봉우리들은 점점이 떠 있는 섬이다. 하루 가운데 절반은 구름에 휩싸여 있는 이 노고단의 풍광에게 사람들은 '구름 위의 꽃밭' '천사들의 꽃다발' 이라는 헌사를 아끼지 않는다.

횡단도로가 다하는 곳은 구례땅으로, 지리산 제일의 거찰 화엄사가 자리잡고 있는 곳이다. 대부분의 절은 대웅전을 중심으로 가람을 배치하고 있지만, 화엄사는 각황전이 중심을 이루어 비로자나불毘盧遮那佛을 주불主佛로 공양한다.

국보 67호 각황전은 국내 최대의 현존 목조건물답게 그 위풍이 보는 이를 압도하고, 내부의 툭 터진 통층 구조가 눈길을 끈다. 대웅전, 앞마당에 서 있는 두 기의 오층석탑, 석등 등도 예사로워 보이지 않는다.

화엄사는 '화엄 불국세계' 를 이룰 만큼 거대한 사찰이지만 내 마음에는 산 너머에 두고온 실상사가 더 살갑게 다가온다. 화엄사도 그 규모와 명성에 걸맞게, 진정으로 이 땅의 중생과 더불어 상생의 법을 실천하는 도량이 되었으면 하는 바람 간절함에서 일까?

기암 절승의 주왕산에 들어
수달래꽃 아린 전설을 듣다

주왕의 발자취를 따라

수달래꽃 애달픈 전설을 듣고

숨어 사는 내원마을에 들어

세상일을 잊었다가

주산지에서

연초록 봄을 만나다.

가는 길(서울 기점) | 영동고속도로⇨중앙고속도로⇨서안동 나들목⇨안동⇨34번 국도 청송

맛집 | 달기약수터 식당촌의 약수황기백숙

머물 집 | 온천을 겸할 수 있는 주왕산관광호텔(054-874-7000) | 산행하기 편한 공원입구의 주왕산장여관(054-873-5571) | 내원마을 민박 문의(직통전화가 아니라 아랫마을 가족들의 전화번호임) 내원산방(054-873-3798) | 사슴할아버지(054-873-8535) | 예천할매댁(054-873-0288) | 본토배기집(054-873-6860)

주변 명소 | 꽃돌전시장, 영덕 가는 길녘의 복사꽃밭

여행정보 안내 | 청송군청 관광경제과(054-870-6063, www.cheongsong.kyongbuk.kr/)

제1폭포로 드는 입구부터 에워싼 천길 바위절벽과 어우러진
맑은 물줄기의 흐름이 한 편의 아름다운 그림을 빚고 있다.

주방천 수달래 붉은 꽃빛으로
가슴을 물들이다

주왕산은 대전사大典寺 뒤편 위로 올려다 보이는 지점에서부터 그 비경의 속살을 보여주기 시작한다. 서너 그루 낙락장송이 고고하게 정수리를 두른 수직 형상의 웅장한 세 쌍의 바위봉우리가 기암旗岩이다. 주왕周王과 마장군이 격전을 치른 끝에 주왕이 깃발을 꽂았다는 데서 유래한 이름이다. 기암은 그 가파름에도 불구하고 절로 오르고 싶은 욕망이 일 만큼 아름답다.

대전사 앞마당에서 다시 시작되는 산길은 아주 평탄하지만 그 길을 따라 눈에 들어오는 풍광은 비견할 데 없는 절경의 연속이다. 그래서 주왕산을 설악산·월악산과 더불어 남한 땅 3대 바위명산으로 치나 보다.

절벽 사이사이 골짜기를 흐르는 맑은 주방천 물가에 가득 피어난 수달래꽃은 유난히 붉다. 바라보는 이들의 가슴까지 물들일 지경이다. 색동 한복을 곱게 차려 입은 처녀애들이 계곡물에 수달래 꽃잎을 띄우고 있는 모습을 보고 있노라니 그 옛날 전설 속의 선녀들이 봄꽃놀이를 하고 있는 듯하다. 주왕산 수달래꽃에는 애절한 전설이 깃들어 있다.

중국 당나라의 주도라는 이가 후주의 왕을 자처하며 난을 일으켰으나 뜻을 이루지 못하고 이 산의 암굴로 숨어 들었다. 어느 날 그는 세수를 하다가 신라 병사의 화살에 맞아 운명한다. 그가 숨질 당시 흘린 피

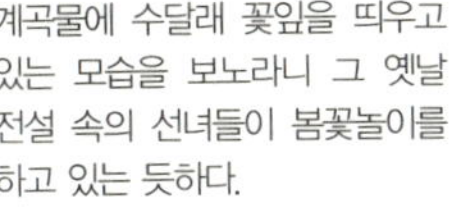

계곡물에 수달래 꽃잎을 띄우고 있는 모습을 보노라니 그 옛날 전설 속의 선녀들이 봄꽃놀이를 하고 있는 듯하다.

가 주방천을 붉게 물들이더니, 그 이듬해부터 주방천에 선홍빛 수달래 꽃이 지천으로 피어난다는 것이다.

이 산은 원래 거대한 바위들이 병풍처럼 에워싼 형세라 하여 석병산 石屛山으로 불렸는데, 후세 사람들이 주왕의 넋을 기리기 위해 주왕산 周王山으로 부르게 되었다. 그래서 해마다 5월 초순이면 수달래 꽃잎을 띄우는 '수달래제'를 올려오고 있다.

반 식경쯤 오르니 제1폭포와 주왕굴로 가는 갈림길이다. 오른편 자하교를 건너 바윗길로 오르는 주왕굴 코스로 길을 잇는다. 신라 때의 암자 주왕암이 있고 그 뒤 비좁은 바위절벽 사이를 오르니 주왕이 최후를 마쳤다는 주왕굴이다. 다시 전설 속으로 이어지는 오솔길을 오르니 탁 트인 시야로 연화봉, 병풍바위, 시루봉, 급수대 등 깎아지른 듯한 절벽들이 펼쳐진다.

화강암을 깎아 걸쳐놓은 돌다리를 건너면 갑자기 주변이 어두워진다. 주변을 에워싼 바위절벽들이 하늘 끝까지 솟아 햇빛을 가리기 때문

거대한 바위 사이로 쏟아져내리는 제3폭포의 장쾌함은 보는 것만으로도 온몸이 서늘할 정도다.

이다. 바위벽 사잇길 철난간을 돌아나가노라면 폭우 쏟아지는 소리가 뇌성처럼 들린다. 여기가 제1폭포다. 별유천지비인간別有天地非人間 이란 바로 이런 곳을 두고 이르는 듯싶다. 이곳을 지날 때는 비탈길을 채 오르기 전에 반드시 뒤를 돌아볼 일이다. 제1폭포로 드는 입구부터 에워싼 천길 바위절벽과 어우러진 맑은 물줄기의 흐름이 한 편의 아름 다운 그림을 빚고 있다.

제2폭포로 가는 길은 지난 해 수해로 끊겼고, 다시 얼마간 이어지는 계곡길 끝자락에 제3폭포가 하얗게 물보라를 일으키고 있다. 20여 미 터 높이의 물살이 2단으로 낙하하고 있는데 그저 바라만 봐도 온몸이 서늘해질 정도의 절경이다.

세상 일이 부질없는 땅
내원마을에서 나를 돌아보다

　대개들 이곳 제3폭포에서 되돌아 내려가게 마련이지만 길은 그 폭을 줍히면서 여전히 이어진다. 호랑이가 산짐승을 잡아먹었다는 뼈바위골을 지나서 산 밖의 소식을 사나흘씩이나 늦게 전해들을 만큼 첩첩산중의 오지 내원마을로 닿는다.

　다람쥐의 재롱을 벗 삼아 한참을 오르면 세상은 까마득히 멀어지고 고갯마루 사이로 등개바위와 가마봉이 눈에 잡힌다. 그 사이에 반듯한

평지가 펼쳐져 있는데 바로 이곳이 내원마을이다.

이 깊은 산 속에 어찌 이런 평지가 숨어 있을까? 정확하지는 않지만 임진왜란이 터지면서 산 아래 사람들이 왜구의 노략질을 피해 이 깊은 산 속으로 피해 들어와 화전을 일구며 살기 시작했고, 그 이후로도 빨치산들처럼 숨어 사는 사람들이 주인이었던 땅이라고 한다.

전화는 물론 전기조차 없다. 무엇보다 세상의 일이 궁금하고 사람이 그리울 법하다. 얼마나 불편할까 싶어 물었다. "왜 세상과 동떨어진 이 오지에 사세요?" "수달래, 연다래, 창꽃…. 아, 지천에 꽃천지여. 가만 눈감고 새소리, 벌레소리, 물소리도 들어봐여. 자연의 소리여. 저 소리가 내 짝들인 줄 모르지." "뭘 해서 먹고 사시는데요?" "곰취, 돈나물, 취나물, 오미자…. 아, 또 있어. 그 뭐냐, 당귀, 더덕 같은 게 널렸는걸. 그런 거 먹고 살아."

내리 8대째 살아오고 있는 '토박이' 최영기 할머니와 그 아들 김재준 씨, 주왕산 가이드로 이 마을에서는 가장 유명한 '사슴 할아버지' 권영도 씨, 이 동네의 궂은 일을 도맡아하는 자칭 '내원동 군수' 김희걸 씨, 산골마을이 그냥 좋아져 눌러앉고 말았다는 김억만 할아버지, 예천할매 최복련 씨, 폐교된 분교를 사들여 그럴 듯한 찻집의 주인이 된 '내원산방'의 이상해 · 김희숙 씨 부부, 그리고 개울 건너 집에 사는 「내원동 가는 길」의 시인 이준상 씨 등 모두 9가구가 도란도란 살아오고 있다.

잠시나마 세상을 잊고 홀로 있고 싶다면, 호롱불 밝혀놓고 도란도란 옛날 이야기를 나누던 고향집의 정취를 찾고 싶다면, 군불 땐 흙방에 노곤한 몸을 눕히고 바람소리와 물소리 그리고 벌레소리를 들으며 무수히 쏟아지는 뭇별을 헤고 싶다면 이곳 내원마을에서 하룻밤 묵어가기를…. 이곳에는 세속의 번잡함도 없고 우리를 구분짓는 어떤 차별도 없다. 오직 자연 그대로의 순수함이 있을 뿐이다.

주산지의 봄빛

깊은 산속 신비스런 연못에서
신선을 만나다

주왕산 남쪽자락 계곡을 따라 들어가면 절골 어귀에 산 속의 커다란 연못 주산지注山池가 전설처럼 숨어 있다. 조선 숙종 때 이공李公이라는 사람이 계곡을 막고 둑을 쌓아 농사용 저수지로 만들어 놓은 곳이다.

지금 이 깊은 산 속의 고즈넉한 호반에선 30여 그루의 왕버드나무들이 연두색 새순으로 옷을 갈아입고 있다. 뿌리는 물론 허리깨까지 물 속에 담근 채 살아가는 왕버드나무들의 기이한 자태도 아름답지만, 연

녹색 때깔로 채색된 몽환적인 수면에 비친 노거수들의 물그림자는 더욱 아름답다.

300년 묵은 고목에서 돋아나는 파란 새순에 저수지 전체가 살아있는 듯하다. 특히 해 뜰 무렵 수면 위로 피어오르는 물안개가 노거수들을 감싸도는 모습은 원시적인 환상을 안겨준다. 나무꾼에게 도끼를 찾아준 신선이 있다면 아마도 이런 곳에 살았을 것이다.

철 따라 옷을 갈아입는 이곳 사계四季의 절경은 영화「봄·여름·가을·겨울 그리고 봄」(김기덕 감독)의 배경이 되었다. 봄날, 한 동자승이 물고기, 개구리, 뱀을 잡아 돌멩이에 묶어 다는 장난짓으로 시작된 생의 업보業報… 여름날, 17세 청년승의 가슴은 한 소녀에 대한 사랑과 욕망의 집착으로 들끓는다… 가을날, 속세에서 그 사랑에 배신당한 사내의 가슴은 분노와 증오로 무너져 내린다… 하얀 겨울날, 장년의 스님은 폐허가 된 산사에서 업보를 지워나간다… 그리고 다시 찾아오는 봄….

고통과 증오의 상처마저도 업보라면, 그 업보는 인간이라면 피할 수 없는 삶의 여정일 터이다. 봄빛 짙어가는 주산지를 바라보며, 또 새롭게 시작될 나의 업보를 부질없이 헤아려 본다.

특히 해 뜰 무렵, 수면 위로 피어오르는 물안개가 노거수들을 감싸도는 모습은 원시적인 환상을 안겨준다.

불타는 그리움이 부쳐온
오색 초대장을 받아들다

장성 백양사 애기단풍에

타는 그리움을 달래고,

백양사의 길손맞이 화두 "이 뭣고"에

흩어진 마음을 여민 후에

영화촌 금곡마을에서

「내 마음의 풍금」 소녀

홍연을 찾다가

축령산 삼림욕장에 들어

녹음에 씻긴 가을을 마시다.

가는 길(서울 기점) | 호남고속도로 백양사 나들목 1번 국도⇨백양사⇨영화민속촌 금곡마을

맛집 | 백운각식당(061-392-7531)의 표고덮밥과 산채백반 | 백년식당(061-393-2240)의 용봉탕

머물 집 | 백양관광호텔(061-392-0651) | 백운각호텔(061-392-7531) | 솔룡각(061-392-8751)

주변 명소 | 남창계곡, 내장산 단풍, 강천산 단풍, 석정온천

여행정보 안내 | 장성군청 문화관광과(061-390-7224, www.changsung.chonnam.kr)

늦가을, 타는 그리움에
남녘으로 내닫는 불길을 좇다

백양사 애기단풍

해마다 가을이 오면, 눈이 시리도록 청명한 쪽빛 하늘 아래 목마른 그리움이 세상을 온통 단풍으로 물들인다. 얼마나 그리움에 애가 탔으면 온몸을 태우며 걷잡을 수 없는 불길로 내리달음질을 칠까.

불길은 북녘에서부터 내리달려와 설악산 대청봉 정상에서 잠시 숨을 고르다가 하루에 50여 리씩 다시 남녘으로 내달리며 "지친 초록"을 태운다. 그렇게 내달려온 불길은 정읍 내장산과 장성 백암산에 이르러 절정의 숨을 토한다.

불길이 혀를 낼름거리며 초록에 불을 내리질러대는 달음질을 좇아 떠나는 가을 길은 늘 그리움으로 목이 탄다. 그럴 때면 미당의 시에 곡을 붙인 송창식의 「푸르른 날」을 부르며 타는 목을 적셔본다.

> 눈이 부시게 푸르른 날은
> 그리운 사람을 그리워하자.
>
> 저기 저기 저 가을 꽃자리
> 초록이 지쳐 단풍드는데
> ……
> 눈이 부시게 푸르른 날은
> 그리운 사람을 그리워하자.

"초록이 지쳐 단풍든" 자리마다 만산홍엽滿山紅葉이다. 그것만으로도 이미 황홀한데 쪽빛 하늘까지 어우러지면 눈물겨워진다. 그래서인가, 우리의 가을 앞에서는 누구나 시인이 된다. 문득 남도의 가을 서정을 정겹게 노래한 김영랑의 「오―매 단풍 들것네」가 가슴을 스치며 붉은 잎으로 날아오른다.

> '오―매 단풍 들것네'
> 장광에 골붉은 감잎 날아와
> 누이는 놀란 듯이 치어다 보며
> '오―매 단풍 들것네'

백양사 단풍터널 길 안에는 빨강, 노랑, 파랑… 원색으로 차려입은 단풍객들이 또 하나의 단풍숲을 이룬다. 앙징스럽게 손짓하는 애기단풍

이 가을 끝머리를 수놓을 때쯤 이곳에서는 '백양단풍축제' 마당이 펼쳐진다. 장성읍 시가지에서 '단풍 테마 퍼레이드'로 막을 올리는 단풍잔치는 장성호를 끼고 달리다가 백양사 진입로에서 천진암까지의 오솔길로 이어진다.

단풍나무, 굴참나무, 은행나무 등이 울울창창한 이 산길은 지금 한창 불길이 번지고 있다. 계곡물에 어린 단풍빛까지도 마지막 가는 가을을 활활 사르고 있다. 젊은 연인들은 햇볕 바른 곳 낙엽 속에 묻혀 도란도란 사랑을 속삭인다. 쪽빛 하늘을 이고 붉은 감을 가지가 휘도록 매단 감나무들도 늦가을의 정취를 보탠다.

백양사 일원에 군락을 이루며 생장하는 애기단풍은 그 잎이 엄지 손톱에서 아기 손바닥만하지만 그 빛깔이 무척이나 곱다. 게다가 학의 앉음새를 빼닮은 백학봉을 비롯하여 상왕봉, 사자봉 등이 병풍처럼 둘러서 있고 그 아래로 천년 고찰 백양사의 그윽한 기품과 비자나무숲의 청량함이 어우러져 이채로운 풍광을 자아낸다.

이렇게 늦가을의 만찬이 무르익어가는 가운데 '단풍 엽서전' '단풍잎 모자이크' '단풍추억 써주기' '단풍나무 분재전' '단풍 캐릭터 분장 콘테스트' 등이 단풍객들의 신명을 돋운다. 날이 저물면서 '작은 음악회'가 대미를 장식하면서 저무는 가을을 서럽게 사른다.

백양사 일원에 군락을 이루며 생장하는 애기단풍은 그 잎이 엄지 손톱에서 아기 손바닥만하지만 그 빛깔이 무척이나 곱다.

"이 뭣고"라는 글이 새겨진 적비가 천왕문보다 더 높은 위엄으로 마음을 친다.
과연 '만암대종사고불총림도량' 백양사에 걸맞는 길손맞이 화두다.

쌍계루와 "이 뭣고"

선문도량의 화두 "이 뭣고"에 흩어진 마음을 여미다

산에서 내려오는 두 갈래의 계곡물이 하나로 합해지는 곳에 보이는 정자가 쌍계루雙溪樓다. 고려말 포은 정몽주, 야은 길재와 더불어 삼은 三隱으로 불리는 목은牧隱(이색李穡)이 "왼쪽 물에 걸터앉아 오른쪽 물을 굽어보니 누각의 그림자와 물빛이 위아래로 서로 비치어 참으로 좋은 경치"라고 찬사를 보낸 절경이다. 쌍계루 앞 큰 연못에 비친 또 하나의 쌍계루와 백암산 전경은 그대로 아름다운 가을 산사로 찍힌다.

5천여 그루의 비자나무숲 앞, 고승의 사리를 모신 부도밭에 떨어지는 몇 올 가을햇살이 만추晚秋의 간지럼을 태운다. 떠난 이들의 흔적은 어찌 이리도 안온해 보일까? 업을 떨친 해탈의 경지란 이런 것일까?

고승의 사리를 모신 부도밭에 떨어지는 몇 올 가을햇살이 만추晚秋의 간지럼을 태운다. 떠난 이들의 흔적은 어찌 이리도 안온해 보일까? 업을 떨친 해탈의 경지란 이런 것일까?

아담한 이층 누각 쌍계루 양편으로 갈라져 흐르는 계곡 위로 가로놓인 돌다리를 지나 휘어돌면 "이 뭣고"라는 글이 새겨진 석비가 천왕문보다 더 높은 위엄으로 마음을 친다. 과연 '만암대종사고불총림도량 백양사에 걸맞는 길손맞이 화두다.

무엇을 하든 "이 뭣고"라는 질문을 거듭하면 마음의 본래 모습을 알게 된다는 뜻을 지닌 선불교의 대표적인 화두다. 누구든 이 길을 지나는 길손이라면 마음에 담아두고 세상 사는 심지로 삼을 만한 말씀이지 싶다. 사천왕문을 지나 대웅전을 들여다보니 오른쪽 벽에 봉안된 16위 나한상 모습이 이채롭다. 바늘을 꿰는 모습, 등을 긁는 모습 등이 지극히 해학적이고 인간적이다.

소림굴~상왕봉~백양사 코스에서는 해마다 이맘때쯤 '전국 단풍 등산 대회'가 열린다. 이곳 할머니들이 내다 파는 '반곶감'의 말랑말랑한 단맛을 즐기며 오르는 산행도 그만이다. 대숲에서 내려온 바람이 천진암 추녀 끝의 풍경을 뎅그렁 뎅그렁~ 울리고, 절 마당에서 낙엽을 태우면서 피어오른 연기가 숲그늘로 숨어드는 늦가을 산사의 정취가 한가롭기 그지없다.

시인은 짐짓 모른 채 "초록이 지쳐 단풍이 든다"거나 "그리움이 사무쳐 불길로 치솟는다"지만 정작 나무 자신은 춥고 메마른 겨울을 살아내기 위해 무거운 몸을 터는 것이다. 그래서 눙치지 못하는 어느 솔직한(?) 시인은 단풍을 일러 "생존의 몸부림이 못내 겨워 얼굴이 붉어진다"고 털어놓는다. 시인 김소엽은 한 걸음 더 나아가 「불타는 단풍」에서 "오만과 허욕을 벗는" 몸짓으로 읊는다.

　… 자랑스러웠던 오만의
　푸르른 색깔과
　무성했던 허욕의 이파리들도
　이제는 버리게 하소서.

영화촌 금곡마을

영화촌 금곡마을에서
「내 마음의 풍금」 소녀 홍연을 만나다

　장성역 앞에서 고창으로 이어지는 898번 지방도로를 따라 남도 들녘을 지나고 솔재를 넘어 북일면 문암리 금곡마을로 드는 길은 영화광들을 설레게 하기에 충분하다.

　마을 들목 언덕 위에 서 있는 수백 년 묵은 당산나무 아래에서 바라보이는 20여 가구의 금곡마을 전경은 오래된 흑백 필름 속에 담긴 옛 고향 모습 그대로다. 계단식 논이 감싸고 있는 마을 안 여러 채의 초가집

94

과 녹슨 함석지붕집, 빛 바랜 슬레이트집 그리고 호박 넝쿨 얹은 낮은 돌담 사이로 에돌아드는 좁다란 고샅길 풍경이 정겹고 애잔하다.

마을 들목에 세워진 안내문에는 이 마을에서 촬영된 영화와 드라마가 소개되어 있다—임권택 감독의 「서편제」「태백산맥」, 김수용 감독의 「침향」, 이영재 감독의 「내 마음의 풍금」…, 드라마 「왕초」「사랑」….

마을로 들어가 초가 집집이 울타리 너머 뜨락 풍경을 슬쩍슬쩍 엿보며 오르는 언덕배기길은 어디선가 많이 본 듯 무척이나 낯익어 있다. 스물한 살 총각 선생님을 짝사랑하는 '소녀의 순정'을 풍금처럼 연주한 영화 「내 마음의 풍금」 속의 주인공 열일곱 늦깎이 초등학생 '홍연'(전도연 분)이 골목 어디에서 금방이라도 튀어나올 것만 같다.

마을 뒷편으로 오르면 축령산이다. 지도에도 잘 표시되지 않을 정도로 야트막한 산이지만 한여름의 불볕더위도 맥을 못추고 한낮에도 사위가 어두컴컴할 정도로 울창한 숲으로 덮여 있다. 바람이 불면 진한 숲 냄새가 폐부를 찌르며 얼음 냉수를 한 대접 들이켜는 것마냥 온몸이 시원해진다.

'산림왕'으로 불렸던 임종국(1915~1987) 님이 평생을 바쳐 가꾼 이 숲에는 삼나무와 편백나무가 하늘을 가릴 듯이 빽빽하다. 무려 90만 평에 이르는 이 숲은 '21세기를 위해 가꿔야 할 가장 아름다운 숲'(산림청 선정)으로 선정되기도 했다. 마을에서 산허리를 따라 5리쯤 걸어들어가면 정상이다. 완만한 경사의 임도를 따라 오르는 이 삼림욕 길은 온 가족이 숲의 향기에 흠뻑 취할 수 있는, 더없이 훌륭한 트래킹 코스다.

축령산 나무는 늘씬하게 하늘을 향해 쭉쭉 뻗어 있다. 나뭇잎이 부챗살처럼 펴진 것이 편백이고 솔방울처럼 뭉친 것이 삼나무다. 삼림욕장 내의 나무들은 평균 키가 20미터에 가깝고 수령은 30~50년이다.

축령산 삼림욕장은 피톤치드 발산이 풍부한 숲으로 이름 높다. 한 식경 정도만 숲길을 산책하고나면 온몸이 개운해지고 정신이 초롱해진다. 앓던 감기도 뚝 떨어지게 하는 숲이라니 아직 세속의 번잡한 발길을 타지 않아 신령스런 숲의 기운이 온전히 살아있나 보다.

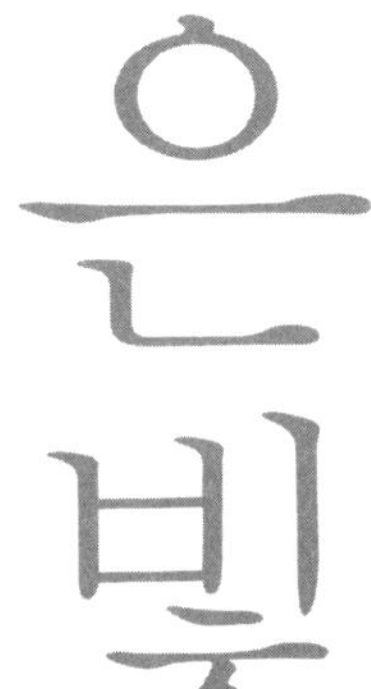

낭만으로 스며들다

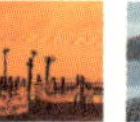

가족과 함께 떠나는 행복한 테마기행

동쪽 먼 심해선 박의 한 점 섬
울릉도에 그리움을 풀다

오징어 천지 울릉도에 들어

가슴 아린 전설을 듣고,

저동항에 들어 해맞이를 한 다음

밤잔치에 노닐다가

원시림에 씻긴 가슴속에

천하제일의 비경을 담다.

가는 길(서울 기점) | 배편 : 포항↔울릉도간 카페리호(054-242-5111) | 묵호↔울릉도간 여객선(033-531-5891) | 수도권은 대아여행사(02-514-6766, 출항 여부를 전날 미리 확인해야 함).

맛집 (울릉도 5미) | 보배식당(054-791-2683)의 총합밥 | 09시당(054-791-2287)의 오징어내장탕, 따개비밥 | 중앙식당(054-791-2410)의 약소불고기 | 산마을식당(054-791-4643)의 울릉도산채비빔밥

여행정보 안내 | 울릉군청 문화관광과(054-790-6393, www.ulleung.go.kr) | 울릉도 닷컴(www. ullungdo.com) | 오징어축제는 매년 8월 중순경 열림

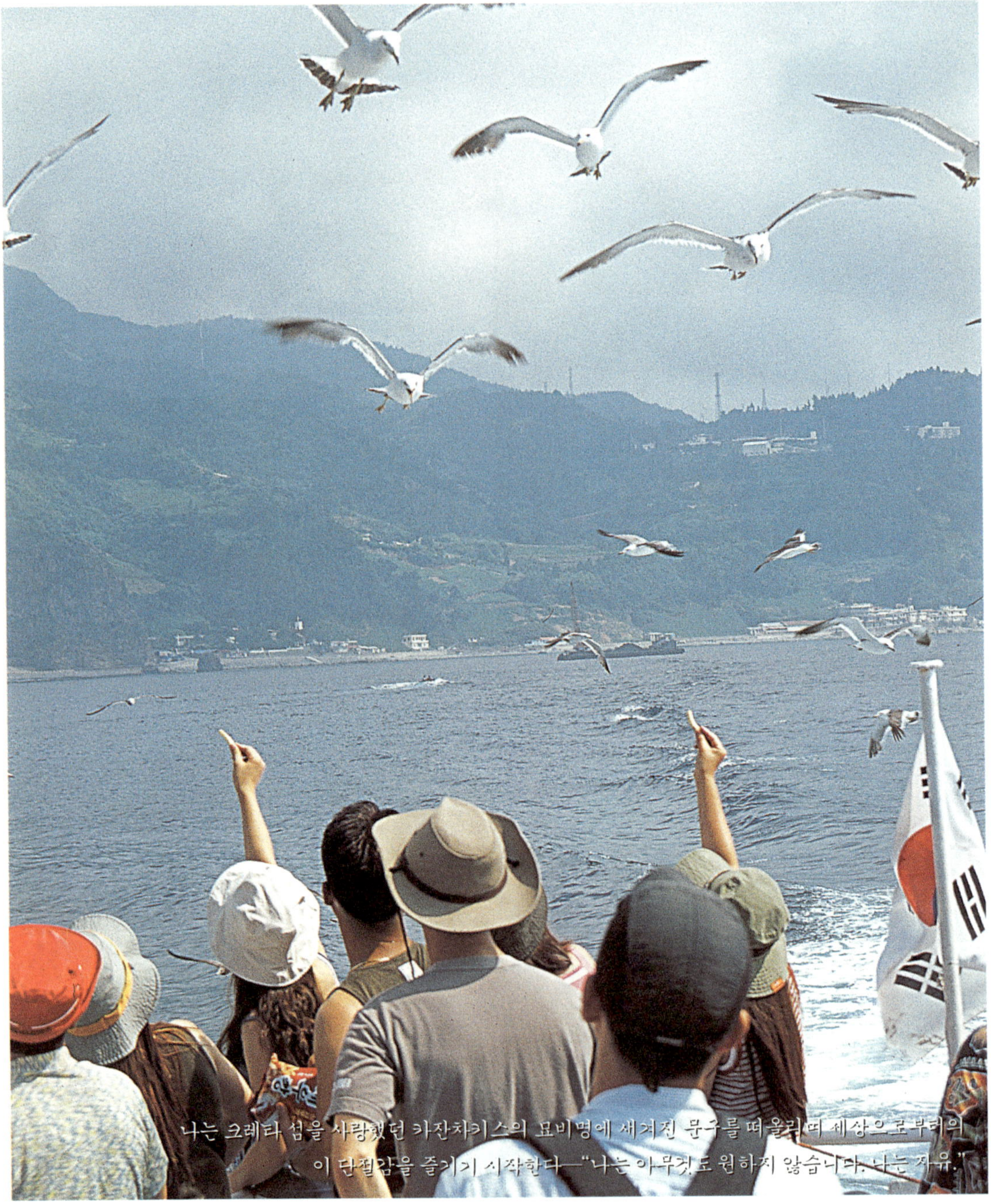

그립고 머언 뱃길을 달려와
가슴 아린 전설을 듣다

"동쪽 먼 심해선 밖의 한 점 섬 울릉도로 갈거나"―청마 유치환이
「울릉도」에서 읊었듯, 나도 늘 울릉도를 그리며 마음에 두고 있었다.
이제 마침내 그 그리움이 파도가 되어 그 섬으로 떠나게 되었다.

동쪽 먼 심해선深海線 밖의 / 한 점 섬 울릉도로 갈거나.

금수錦繡로 굽이쳐 내리던 / 장백長白의 멧부리 방을 뛰어,
애달픈 국토의 막내 / 너의 호젓한 모습이 되었으리니,

창망蒼茫한 물굽이에 / 금시에 지워질 듯 근심스레 떠 있기에
동해 쪽빛 바람에 / 항시 사념思念의 머리 곱게 씻기우고,

지나 새나 물으로 물으로만 / 향하는 그리운 마음에,
쉴 새 없이 출렁이는 풍랑 따라 / 밀리어 오는 듯도 하건만,

멀리 조국의 사직社稷의 / 어지러운 소식이 들려 올 적마다,
어린 마음 미칠 수 없음이 / 아아, 이렇게도 간절함이여!

동쪽 먼 심해선 밖의 / 한 점 섬 울릉도로 갈거나.

울릉도의 나들목 항구 도동항에
닿아 섬에 발을 내려놓는 순간,
뭍의 일상과 단절됐다는 고적감
이 와락 안겨든다.

한 굽이를 돌 때마다 기암괴석과 암석터널 등 이색적인 풍경이 가득 펼쳐지고 사동리부터 무인등대가 서 있는 가두봉 아래까지의 길은 푸른 바다와 나란히 이어진다.

배가 속력을 내면서 뭍의 백두대간이 점점 아득하게 뒤로 물러앉는다. 이윽고 사방이 온통 수평선뿐인 망망대해다. 고물에 이는 하얀 포말이 긴 꼬리를 끌며 따르고, 하늘에는 뭉게구름이 무심히 흐르고 있을 뿐 다른 풍경은 눈씻고도 찾아볼 수 없다.

350리 뱃길을 그렇게 3시간 넘어 헤쳐오고 나서야 저 멀리 수평선 위로 흰 띠구름을 두른 섬 하나가 그 신비스런 모습을 내보인다. 2500여 년 전, 수심 3천여 미터의 해저에서 일어난 거대한 화산활동으로 생긴 섬 울릉도다. 마치 깊은 바다에서 불쑥 솟아오른 뾰쪽산 같다.

도동항에 닿아 섬에 발을 내려놓는 순간, 뭍의 일상과 단절됐다는 고적감이 와락 안겨든다. 그러나 나는 크레타 섬을 사랑했던 카잔차키스의 묘비명에 새겨진 문구를 떠올리며 세상으로부터의 이 단절감을 즐기기 시작한다—"나는 아무것도 원하지 않습니다. 나는 자유."

포구 곳곳에 널려있는 오징어 덕대가 맨 먼저 나를 맞는다. '울릉도 오징어'라는 말이 실감난다.

굽이굽이 험한 길이지만 오래 쌓인 그리움으로 밟아드는 울릉도 일주는 온통 설렘과 찬탄으로 이어진다. 한 굽이를 돌 때마다 기암괴석과 암석터널 등 이색적인 풍경이 가득 펼쳐지고 사동리부터 무인등대가 서 있는 가두봉 아래까지의 길은 푸른 바다와 나란히 이어진다.

가두봉을 돌아서서 북서쪽으로 향하면 골짜기 깊은 통구미마을이 나온다. 통구미 포구 앞 거북바위가 금세라도 검은 몽돌 해변으로 걸어나올 듯하다. 검게 그을린 아낙네가 비지땀을 흘리며 통나무를 끌어다가 배 밑에 연신 깔아놓는 위로 늙수레한 어부가 밧줄을 맨 배를 뭍으로 끌어올리고 있다. "파도가 워낙 높고 언제 폭풍우가 들이칠 줄 모르기 때문에 이렇게 올려놓지 않으면 고깃배가 자주 망가져요." 섬에 머무는 동안 나는 이 고단한 삶 앞에 내내 연민하였다.

그 옛날 우산국의 도읍지이기도 했던 태하리에 자리한 신당은 가슴 아린 전설을 전해준다. 조선 태종 때 울릉도 사람들을 뭍으로 이주시키라는 왕명을 받은 삼척만호 김인우의 꿈에 해신海神이 나타나 "동남동녀童男童女를 섬에 두고 떠나라"고 한다. 인정에 끌린 김인우는 차마 그렇게 하지 못하고 섬 사람들을 모두 태우고 떠나려 했지만 바다의 심술이 거칠어지자 할 수 없이 배를 돌려 동남동녀를 섬에 남겨놓고 뭍으로 돌아오게 되었다. 김인우는 그 일이 늘 마음에 걸려 8년이 지난 뒤 다시 울릉도를 찾았다. 그때 남겨두고 온 동남동녀는 서로 껴안은 채 백골로 변해 있었다. 김인우는 이에 참회하는 마음으로 사당을 짓고 정성껏 제사를 올렸다. 이곳 태하리 성하신당聖霞神堂이 바로 그곳이다. 마을 주민들은 해마다 음력 2월 28일이면 젊고 잘 생긴 동남동녀의 신상神像을 모신 이 사당에서 동제를 올리며 소망을 빌고 애잔한 전설을 달래오고 있다.

아침 햇덩이에 달군 심신을 밤바다에 식히다

　도동에서 하루를 묵은 나는 해맞이를 위해 새벽 미명에 저동으로 향했다. 저동은 이 섬 토박이들의 삶을 엿볼 수 있는 곳이기도 하다.

　드디어 수평선이 붉게 물들면서 주홍빛 햇덩이가 미명을 걷어내며 그 고운 자태를 드러내기 시작한다. 동해 쪽빛 물에 말갛게 낯을 씻으며 솟아오른 햇덩이가 선홍빛으로 바뀌는 순간, 바다는 장엄하게 불타오르며 장관을 연출한다. 햇살을 머금은 촛대바위는 더욱 수줍은 듯 볼

을 붉히고, 먼바다로 나갔던 고깃배들은 설익은 햇살을 이고 하나둘씩
돌아와 새벽 항구에 몸을 부린다.

  울릉도 사람들은 '삼무三無'와 '삼풍三豊'을 자랑한다. 바다 속에서
뜨거운 용암이 분출되어 생긴 섬이니 땅에 기어다닐 뱀이 없고, 섬사람
끼리 빤히 얼굴들을 아니 도둑이 없고, 자동차가 없으니 공해가 없다는
게 삼무다. 삼풍은 물, 향나무, 오징어가 풍부하다는 것이다. 특히 '오
징어'하면 '울릉도'라고 말할 정도로 '울릉도 오징어'는 그 맛이 일품
인 데다가 어획량도 최고를 자랑한다.

  우리 나라 연근해에서 서식하고 있는 오징어는 약 80여 종이나 된다.
살오징어, 화살오징어, 갑오징어, 반딧불오징어, 쇠오징어, 날래꼴뚜기
오징어, 날오징어, 칼오징어, 창오징어 등으로 그 이름도 재미있다. 그
가운데 우리가 즐겨먹는 마른 오징어의 원료는 살오징어인데, 울릉도
연안은 극동에서 가장 중요한 살오징어 어장으로 꼽힌다.

  그런데 왜 울릉도 오징어 맛을 최고로 칠까? "청정해역에서 건져올리
니 무공해지요, 당일바리(일일조업)로 잡아올린 오징어를 곧바로 말리
므로 신선도가 높지요, 맑은 자연풍으로 건조하니까 오징어 고유의 맛

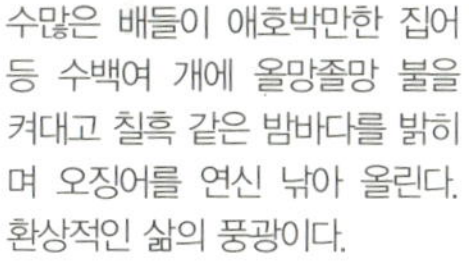

수많은 배들이 애호박만한 집어
등 수백여 개에 올망졸망 불을
켜대고 칠흑 같은 밤바다를 밝히
며 오징어를 연신 낚아 올린다.
환상적인 삶의 풍광이다.

과 풍부한 영양이 살아있기 때문이지요." 오징어를 다듬고 있는 아주
머니 설명이 그럴 듯하다. "게다가 크기를 늘리기 위한 공정을 생략하
기 때문에 육질이 두텁고, 씹을수록 구수하고 단맛이 더하지요."

이곳 사람들은 해마다 8월이면, 오징어를 테마로 한 '울릉도 오징어
축제'로 뭍사람들을 초대한다. '풍어제'로 서막을 여는 잔치는 「수궁
가」와 같은 판소리나 민요로 흥을 돋운다. 잔치 손님들은 오징어내장
탕과 오징어순대 등 울릉도 향토 요리를 대접받아 실컷 먹으면서 섬사
람들의 후박한 인심도 함께 맛본다.

뭐니뭐니해도 이 잔치의 백미는 '오징어배 승선 체험'과 '오징어 조
업 현장 견학'일 터이다. 시나브로 밤바다 위에 별무리가 쏟아져 별밭
을 이루는 밤 8시경, 여행객들을 실은 배들이 울릉도 연안 해역으로 나
온다. 수많은 배들이 애호박만한 집어등 수백여 개에 올망졸망 불을 켜
대고 칠흑 같은 밤바다를 밝히며 오징어를 연신 낚아 올린다. 환상적인

특히 '오징어' 하면 '울릉도'라
고 말 할 정도로 '울릉도 오징
어'는 그 맛이 일품인 데다가 어
획량도 최고를 자랑한다.

삶의 풍광이다. 망향봉 전망대에 올라 내려다 볼 수도 있는 이 풍광은 밤바다의 불빛과 밤하늘의 별빛이 절묘하게 어우러지는 한폭의 은하계다. 동해안의 어화 빛에서는 못 느낄 이채로운 풍광이다.

밤새 잡아올린 오징어들은 이튿날 저동항 잔치마당에서 '오징어할복' '오징어축꿰기' '오징어탱기치기'와 같은 울릉도만의 특별한 이벤트를 통해 손님들에게 신명난 구경거리를 선사한다.

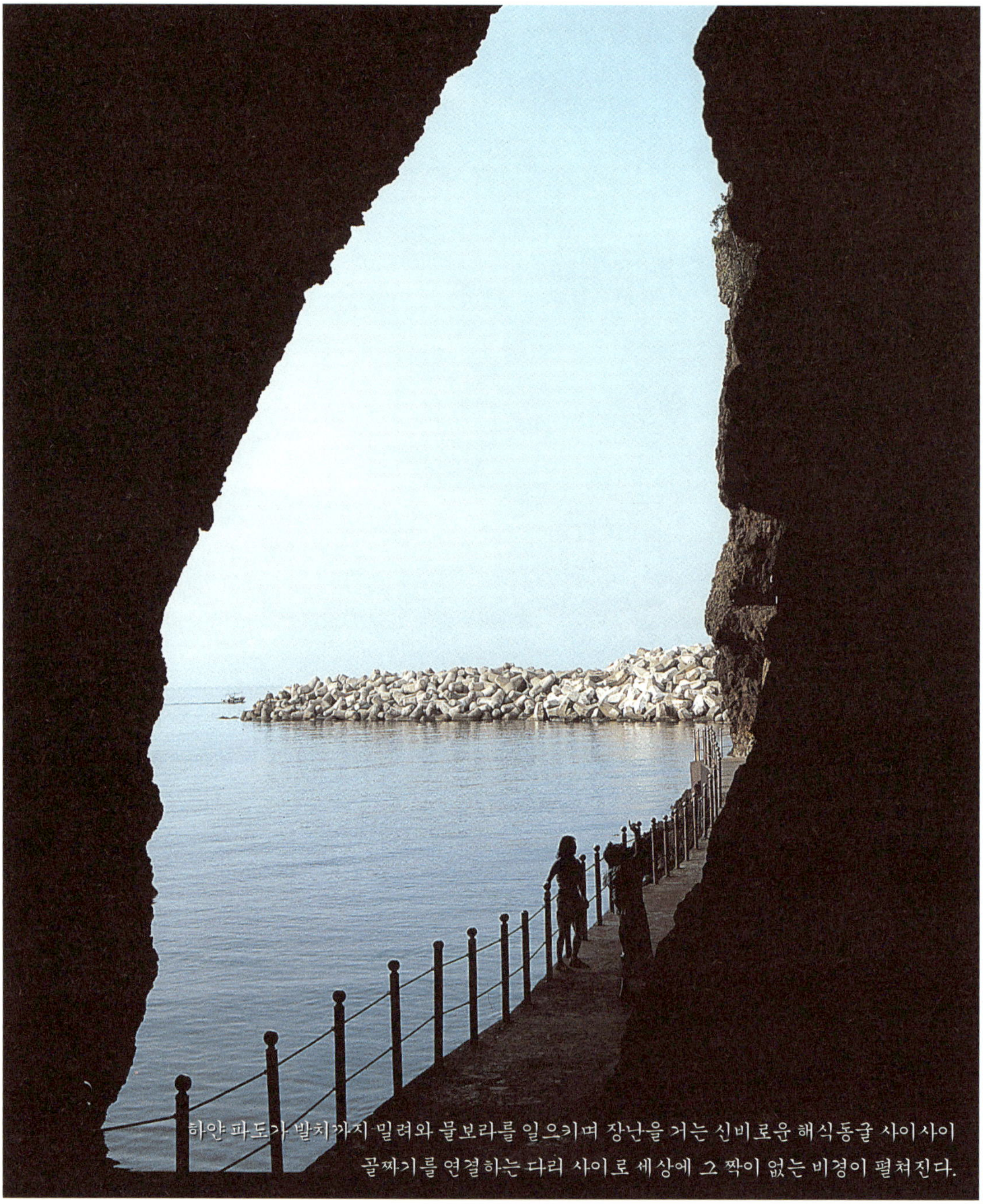

해상의 비경

원시림에 씻긴 가슴속에
천하제일의 해상 비경을 담다

　울릉도에서 가장 높은 봉우리는 성인봉이다. 도동에서 출발하여 대원사, 팔각정을 거쳐 정상에 오르는 성인봉 등정은 뭍에서의 산행과는 또다른 매력이다. 대원사를 거쳐 오르는 길 중간에서 독도박물관에 들렀다가 케이블카를 타고 독도전망대로 오른다. 울릉도의 새끼섬 독도는 이곳에서 200여 리, 아득한 거리에 있지만 청명한 날에는 손에 잡힐 듯이 가깝게 다가선다.

　발치 저 아래로 어머니의 자궁 같은 도동항이 한눈에 들어온다. 긴 항해를 마친 배들이 속속 그 안온한 자궁 속에 지친 몸을 부린다.

　관모봉 아래 갈림길에서 앞으로 나있는 능선길로 20여 분을 오르면 원시림 사이로 가파른 길이 이어진다. 원시림에서 발산되는 청정한 기운이 뼛속까지 파고든다. 숲속 기운을 심호흡하며 조릿대 숲길을 올라채면 마침내 해발 984미터 성인봉 정상이다. 사방이 탁 트인 망망대해를 바라보며 함성을 질러대고나면 속이 후련해지며 천하의 기운을 모두 얻은 듯한 기분이다.

　섬의 북쪽으로 내려가는 길에서도 원시림을 만날 수 있다. 그 아래로 나리분지가 펼쳐지는데, 울릉도의 유일한 평지로 우리나라 최대의 분

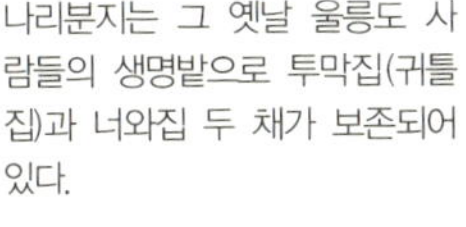

나리분지는 그 옛날 울릉도 사람들의 생명밭으로 투막집(귀틀집)과 너와집 두 채가 보존되어 있다.

먼 곳에서는 두 개로 보이다가 가까워지면서 세 개의 바위로 모습을 드러내는 웅장한 삼선암이 나타난다.

화구 마을이다. 저 깊은 바다 밑에서부터 터져오른 화산의 꼭지점이 있던 자리로 분지의 넓이는 무려 60여 만평에 이른다. 이곳은 그 옛날 울릉도 사람들의 생명밭으로 투막집(귀틀집)과 너와집 두 채가 보존되어 있다. 한여름엔 시원하고 한겨울엔 따습게 한 이중차단벽 구조에서 개척자들의 지혜를 엿볼 수 있다.

아침밥으로 '오징어내장탕' 한 그릇을 게눈 감추듯 하고 도동항에서 유람선에 몸을 싣는다. 뱃전을 선회하는 수십 마리의 괭이갈매기들을 벗 삼아 기분좋은 해상 유람에 나선다. 눈이 시리도록 푸른 쪽빛 바다 위에서 하얀 갈매기들은 유려한 날개짓으로 그림 엽서를 그린다.

울릉도 3대 비경인 삼선암, 관음굴, 공암을 비롯하여 기암괴석, 자연 동굴, 만물상 등을 병풍처럼 차려입은 해안 절경이 펼쳐질 때마다 절로 탄성이 터져나온다. 섬목마을 앞바다에 이르면 관음쌍굴을 품은 관음도가 나타나고, 먼 곳에서는 두 개로 보이다가 가까워지면서 세 개의 바위로 모습을 드러내는 웅장한 삼선암이 나타난다. 특히 북면 천북리 앞바다의 코끼리바위(공암)는 영락없이 코끼리가 바닷물에 코를 박고 물을 들여 마시고 있는 모습이다. 3시간에 걸친 이 해상 관광은 내 평생 잊을 수 없는 감동이다.

출항을 서너 시간쯤 남기고, 도동항 왼편 해안 절벽 아래로 난 산책로를 걸으며 떠나는 아쉬움을 달래본다. 하얀 파도가 발치까지 밀려와 물보라를 일으키며 장난을 걸고 신비로운 자연동굴과 골짜기를 연결하는 다리 사이로 세상에 그 짝이 없는 비경이 펼쳐진다. 바위틈 안쪽으로 들면, 울릉도에서만 사는 희귀종인 흑비둘기도 만날 수 있다. 꺾어돌면서 삼면이 병풍바위로 둘러싸인 해변은 천상의 자연 카페다. 시원한 맥주 거품을 입가에 묻히며, 하얗게 피어오르는 물보라에 옷깃을 적시는 순간은 말로 형언할 수 없을 만큼 행복하다. 산책로의 끝자락 행남등대에서 바라보이는 저동항은 또다른 풍광을 보여주고 있다.

도동항을 떠나온 여객선이 백두대간을 눈앞에 둘 무렵부터 하늘은 온통 먹빛에다 파도마저 심상치 않다. 어느 시인의 말처럼 "알다가도 모를 것이 바다"다. 우리가 포항항에 몸을 부렸을 때는 이미 울릉도행 배편이 취소되었다. 허탈해진 대기 여행객들은 부러운 눈길로 우리를 바라본다. 맑은 날이 1년에 50여 일에 불과한 울릉도로의 여행은 행운의 여신이 도와야 가능한 여정이다. 울릉도로 떠나고 싶다면 먼저 바람에게 뱃길을 물어보라.

북면 천북리 앞바다의 코끼리바위(공암)는 영락없이 코끼리가 바닷물에 코를 박고 물을 들여마시고 있는 모습이다.

신선의 섬 남해도에서
은빛 펄떡임을 삼키다

관음포에서 충무공을 기리고

보리암에서 해맞이를 한 다음,

다랭이마을의 미륵 바위를 찾아

사랑의 성취를 기원하고

미조항의 은빛 펄떡임을 삼키다.

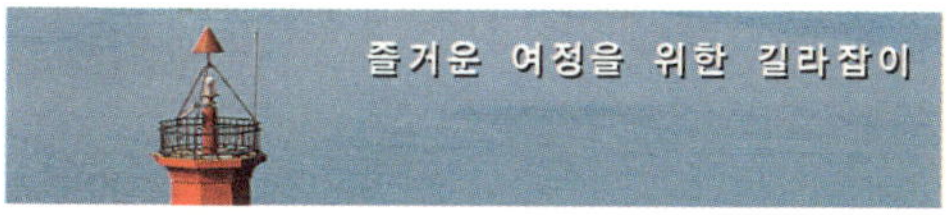

즐거운 여정을 위한 길라잡이

가는 길(서울 기점) | 경부고속도로⇨대전~진주간 고속도로⇨서진주 분기점⇨남해안 고속도로 순천 방향으로 진입⇨진교나들목 또는 하동나들목⇨1002번 지방도로(또는 최근 개통된 사천~창선간 다리를 건너도 됨)⇨남해대교⇨남해도

맛집 | 남해별곡(055-862-5001)의 산낙지가마솥볶음과 낙곰탕 | 미조항 공주식당(055-867-6728)의 갈치회와 멸치회무침 | 설천면 농협유자차는 남해도 유자차 중 명품

머물 집 | 가족휴양촌(055-863-0548)의 통나무 방갈로 | 편백자연휴양림의 통나무집(055-867-7881) | 남해스포츠파크호텔(055-862-8811) | 황토휴양촌(019-524-6242)

주변 명소 | 상주해수욕장, 화방사, 아천박물관, 항도전망대

여행정보 안내 | 남해군청 문화관광과(055-860-3228, www.namhae.go.kr)

관음포에서 충무공을 뵙고
보리암에서 해를 맞다

서울에서 남해도까지의 길은 꼬박 나절가웃이 걸리는 먼 여정이다.
남해도의 관문격인 남해대교를 건너서면서 '아, 마침내 다 왔구나!' 하
는 안도감은 그만큼 크다. 하동 노량과 남해 노량 사이에 길이 660미터
의 허궁다리(현수교)로 걸쳐 있는 남해대교는 여전히 동양 최대 규모를
자랑하고 있다. 60여 미터의 교각을 다리 양끝 부분에만 세웠기 때문에
그 맵시는 마치 백로가 날개를 편 듯하다.

이곳 노량 앞바다는 청사에 길이 빛나는 노량대첩의 현장이다. 거북선이 떠 있는 노량나루 뒤쪽의 언덕배기에는 충렬사가 있어 충무공 이순신 장군을 기리고 있다.

남해대교에서 조금 더 들면 관음포다. 정유재란 막바지(1598년 11월)에 이곳 노량 앞바다에서는 이순신과 진린이 이끄는 150척의 조·명 연합함대와 왜군 함대 500여 척이 마지막 결전을 벌였다. 이때 왜군이 400여 척의 함선을 잃고 참패함으로써 7년 동안 조선팔도를 유린하던 왜란은 비로소 그 막을 내리게 되지만 이순신 장군은 도주하는 적선을 추격하다가 적의 유탄에 맞아 그만 54세를 일기로 전사하고 만다. 이후 남해도 사람들은 관음포를 이락포李落浦라 고쳐 불러오고 있는데, 그의 시신이 맨 처음 안치되었던 자리에는 순조의 어명으로 세워진 이충무공 전몰유허비와 비각이 세워져 있다.

'이내기끝'이라 불리는 언덕 위에 자리한 2층 누각의 전망대에 오른다. 저 관음포 앞바다에서 "지금은 전쟁이 한창이니 내 죽음을 알리지 말라"는 장군의 마지막 유언이 들려오는 듯하다.

섬에서의 이튿날은 남해금산 보리암菩提庵에서의 해맞이를 위해 이른 새벽부터 부지런을 떨었다. 어둑한 산길을 타고 오르니 보리암 삼불암三佛庵 아래에 '태조기단太祖基壇'이 있어 '금산錦山'의 내력을 말해주고 있다—"만일 임금 자리에 오르면 이 산에 비단을 둘러주겠노라"고 약속했던 이성계가 훗날 왕위에 오르자, 산 이름에 아예 '비단 금錦' 자를 넣은 금산錦山으로 고쳐 부르게 되었던 것이다.

남해의 그림 같은 바위봉우리 금산 8부 능선에 자리하고 있는 보리암은 강화 보문사, 양양 낙산사 홍련암, 여수 향일암과 더불어 4대 관음기도처로 알려져 있다. 이곳 보리암의 해맞이는 삼층석탑과 만불전 앞이라야 제격이다. 서서히 어둠이 걷히면서 한려수도 바다 위로 올망졸망 떠 있는 섬들이 홍조를 띠기 시작하면 엷은 물안개에 싸인 바다는 갖가지 스펙트럼으로 황홀경을 연출한다.

남해도 말고도 창선도, 노도, 범섬 등을 포함하여 모두 82개의 섬으로 이루어진 남해군은 그야말로 섬 공화국이다. 남해의 섬들은 예로부터 정쟁에서 내몰린 선비들의 유배지로 그들의 한스러운 세월이 켜켜이 쌓여 있기도 하다. 그럼에도 불구하고 유배객들은 남해도를 '신선의 섬'으로 비유하여 그 신비하고 아름다운 풍치를 기렸다.

이 섬에서 유배문학을 꽃피운 자암自庵 김구金絿(1488~1534)는 「화전별곡花田別曲」에서 남해도의 풍광을 눈에 밟힐 듯이 생생하게 그리고 있다―"아득하게 멀리 떨어진 한 점 신선의 섬…(一點仙島…)."

남해도의 새끼 섬 노도에 유배되어 실의의 나날을 보내면서도 「구운몽」「사씨남정기」 등 국문학사에 길이 빛날 걸작을 빚은 서포西浦 김만중金萬重(1637~1692)은 일찍이 남해도의 풍치를 (신선이 산다는) 방장산(지리산)과 봉래산(금강산)의 절경에 비유하였다―"아득한 섬들은 구름이 내려앉은 바다 건너에 있고 / 방장산과 봉래산에 못지 않은 절승이 가까이 있도다 / 형제 숙질과 멀리 떨어져 홀로 있건마는 / 남들은 나를 보고 신선이라 하겠구나."

남해도 사람들은 관음포를 이락포李落浦라 고쳐 불러오고 있는데, 충무공의 시신이 맨 처음 안치되었던 자리에는 순조의 어명으로 세워진 이충무공 전몰유허비와 비각이 세워져 있다.

남도 끝자락 길은 멀어 천 리가 넘어도
봄바다에 어른이는 봄빛을 보고 싶은 이들은
접접이 아득한 '신선의 섬' 남해도로 간다
관음포의 충무공, 보리암의 붉은 해,
미조항의 펄떡이는 은빛 멸치떼가 기다리고
구성진 어부의 노래가 쪽빛 바다를 수놓는
그 섬 남해도로 이른 봄을 맞으러 간다.

다랭이마을을 지나 미조항에서
은빛 펄떡임을 보다

1024번 지방도로 남쪽 끝자락인 남면 동부해안도로를 달려 가천 다랭이마을로 가는 길은 남해 여정의 백미다. 굽이굽이 휘돌아드는 해안길을 따라 펼쳐지는 풍광은 저절로 탄성을 지르게 한다.

가천마을 들목에 이르면, 설흘산 가파른 비탈을 다듬어 100층이 넘는 계단식 논을 일구어 놓은 장관이 펼쳐지는데, 논둑을 이루고 있는 주먹돌 하나하나에 묻어 있을 남해도 사람들의 땀과 정성이 진하게 느껴온

다. 가천마을은 이 계단식 논 때문에 다랭이(다랑이의 남해 사투리)마을로 불리는데, 다랑논에서는 지금 한창 마늘과 시금치가 파릇파릇하게 자라고 있다. 뭍의 윗녘은 아직 겨울이 한창인데 이곳 다랑논은 벌써 연초록 향기 그윽한 봄을 구가하고 있다.

마을 안의 양지 바른 고샅에서 시금치를 다듬고 있던 꼬부랑 할머니가 들려주는 얘기에서 남해도 사람들의 옹골진 생활력을 엿볼 수 있었다―"아, 비료가 귀했던 예전에는 남해도 위쪽 여수까지 건너가, 그 머신가, '똥배'를 타고 거름을 거둬다 뿌렸을 정도였어. 뭍에 사는 이들은 그렇게 억척스런 우리 남해사람들의 성깔을 뭐라 그러는 줄 아서? '남해 똥배기질'이라고 말햐요."

척박한 자연환경을 어루만지며 살아온 이 마을사람들의 가장 큰 소망은 풍작이었다. 그래서 아직껏 토속신앙에 의탁하여 그 소망을 빌고 있다. 마을 가운데의 '밥무덤'이라는 서낭당이 그 가운데 하나다. 제삿밥도 얻어먹지 못하고 구천을 떠도는 혼령들을 위해 음력 10월 보름날 밤이면 제단 밑에 젯밥을 묻어놓고 풍어와 풍작을 빈다.

마을 아래쪽의 논밭 사이에는 원초적인 모습의 바위 한 쌍이 모셔져 있다. 우리 나라에서 가장 잘 생겼다는 암수 미륵바위다. 활시위처럼 팽팽히 발기된 남성의 성기 모양을 그대로 노출시킨 수미륵바위에는 금줄인 듯 한지로 만든 띠가 둘러져 있다. 바로 앞에는 임신한 여성의 모습을 한 암미륵바위가 행복한 표정으로 해바라기를 하고 있다. 신성한 성性 신앙처이다. 아마도 다산多産과 풍작을 소망해온 섬사람들을 위해 빚어놓은 신의 선물이 아닐까 싶다.

남면에서 해안길을 따라 한 굽이 돌면 앵강만을 지나 미조만의 풍경이 펼쳐지고 아름다운 항구 미조항이 여행객을 맞는다. 남해도 끝자락에 있는 이 어항漁港은 "미륵(彌)이 도왔다(助)"고 해서 미조항인데, 그 이름처럼 풍요로운 데다가 언제 찾아들어도 생명력이 넘친다.

정오 무렵의 미조항에는 수십 척의 멸치배가 모여들어 은빛으로 팔딱거리는 멸치를 부려놓기에 바쁘다. 항구에 면한 해산물 골목도 사람

사는 활력이 넘쳐난다. 선착장 바로 앞에 있는 공주식당에서 반주를 곁
들여 맛보는 멸치회와 갈치회무침은 뭍에서는 맛볼 수 없는 별미 중의
별미다. 새콤, 매콤, 달콤한 맛이 남해의 은빛 싱그러움과 어우러져 오
감五感을 행복하게 한다. 얼큰한 취기를 해거름 바닷바람에 식히며 포
구 이곳 저곳을 기웃거리다가 선창가 소담한 여관에 들어 노곤한 몸을
뉘인다. 포구의 밤은 깊어가고 나는 한영애의 「선창가 사랑」을 흥얼거
리다가 깊은 잠 속으로 빠져든다.

　생동하는 수산물 위판장의 활기를 구경하려고 새벽 잠자리를 떨치고
일어났다. 새벽 어둠을 헤치고 돌아온 고깃배들이 밤새 건져올린 해산
물을 부려놓으면 위판장은 아연 활기를 띠기 시작한다. 경매가 시작되
는 것이다. 종류별로 함지박에 담겨 나래비를 선 해산물들은 가장 높은
가격을 낸 상인들에게 차례로 팔려나간다. 경매 중개인의 구수한 입담
과 더불어 이 모든 과정이 무슨 암호 같은 손짓으로 진행된다.

활시위처럼 팽팽히 발기된 남성
의 성기 모양을 그대로 노출시킨
수미륵바위와 그 바로 앞에 비스
듬이 누워있는 암미륵 바위에는
금줄인 듯 한지로 만든 띠가 둘
러져 있다.

마을 안의 양지 바른 고샅에서 시금치를 다듬고 있던 꼬부랑 할머니가 들려주는 얘기에서 남해도 사람들의 옹골진 생활력을 엿볼 수 있었다.

이 흥겨운 경매 잔치를 구경하다가 방파제로 나가 상쾌한 남해의 봄바람을 안는다. 앞바다에는 범섬, 죽암도, 쌀섬, 목과도, 고도 등 크고 작은 섬들이 점점이 떠 있고, 고깃배들은 그 사이사이로 만선의 고동을 울리며 분주히 들어오고 있다.

미조항에서 물건리 방조 어부림을 잇는 물미 해안도로를 따라 초전, 항도, 노구, 대지포, 은점, 물건 등의 갯마을과 탁 트인 남해바다가 펼쳐지는데, 항도전망대에 오르면 이 모든 절경을 한눈에 볼 수 있다.

미조항에서 북쪽으로 5리 남짓 가다보면 울창한 물건리 숲이 펼쳐진다. 바람과 바다 기운을 막고 물고기를 숲그늘 속으로 유인하기 위해 조성한 방풍림이자 어부림魚付林이다. 1.5킬로미터에 걸쳐 300년이 넘은 말채나무, 화살나무, 보리수나무 등 7만여 그루의 활엽수가 하늘을 가리고 서 있는 이 숲은 물건리 사람들의 신앙이다. "이 숲을 해치면 부락이 망한다"며 섣달에는 숲속 당산나무에서 제까지 올려오고 있다. "헤마다 그 숱한 태풍을 저 나무숲이 받아내줘서 마을이 무탈했지요." 늙수레한 마을 이장의 이야기다. 숲길을 걷고 있노라니 몽돌 해안을 훑고 지나는 파도소리가 "자르르 자르르" 들려온다.

죽방렴 고기잡이와
다리 전시장을 구경하다

천연그물어법 죽방렴

    남해도~창선도~삼천포 사이의 여정에서는 자연친화적인 전통 고기잡이 방법을 볼 수 있다. 밀물과 썰물이 빠르게 드나드는 물목인 지족 해협에는 20여 개의 죽방렴이 이채롭다. 운 좋은 여행객이라면 창선교 위에서 썰물 때에 죽방렴 어부들이 멸치를 잡아올리는 모습을 볼 수 있을 것이다. 어장 물 보는 일은 보통 두 명이 하는데, 남정네는 물 속에 들어가 잡힌 고기를 모으는 후리질을 하고 아낙네는 등판대 위에서

쪽기질을 해댄다. 밤낮으로 함께 붙어다니며 물 보는 죽방렴 부부 어부들이 하는 말이 정겹다—"아, 정 붙어 좋고, 우리 옛것 지키며 돈 벌어 좋으니, 죽방렴은 남해의 보물 아니겠남?" 오는 고기는 잡고, 가는 고기는 보내주는 천연그물 어법인 이 죽방렴은 욕심을 비운 천연어법이다. 스트레스를 받지 않고 자연스럽게 잡힌 물고기로 뜬 회는 그 맛이 일품이라 인기가 좋다.

남해도의 동쪽 섬들을 이어가며 삼천포로 빠지는 남해~창선~삼천포간의 연륙교들은 새로운 관광 명물이다. 남해도의 새로운 관문이 된 이 다리들은 그 다양한 조형미로 색다른 볼거리를 펼쳐놓고 있다.

사천 대방동과 모개도를 잇는 436미터 길이의 삼천대교는 사장교이고, 모개도와 초양도 사이의 202미터 길이의 초양교는 붉은 빛깔의 아치형 다리다. 그리고 초양도와 늑도 사이의 길이 340미터 늑도교는 PC 박스형 다리이고, 늑도에서 창선도까지의 길이 340미터 창선대교는 아치형 다리다. 이 연륙교들이 이어지는 섬의 접속도로까지 합하면 3,400미터이고, 다리 길이만 해도 1,943미터나 된다.

쪽빛 바다를 꿴 듯한 이 다섯 개의 다리들을 건너다보면 여러 개의 섬들이 놓인 징검다리를 건너는 기분에 절로 탄성이 터진다. 그야말로 점점이 군도群島에 걸쳐놓은 '다리 전시장'이다. 낭만을 아는 여행객이

라면 우리 나라 최초로 섬과 섬 사이를 잇는 다리인 창선연륙교에서 해넘이 완상으로 남해도 여정을 마감할 일이다.

"우수도 경칩도 머언 날"에 벌써 파릇파릇한 봄이 자라고 있는 섬 남해도는 과연 "주저앉으면 그곳이 바로 명승지"다. 벚꽃과 유채꽃이 만발할 봄에 이 섬을 찾는 이들은 또 다시 신선이 될 터이다.

메밀꽃 필 무렵 달빛 아래
농염한 사랑을 만나다

메밀꽃 천지 봉평에 들어

효석의 문학 유산을

맘껏 즐기고

오대산 청정도량에 깃들어

바른 사람살이를 듣다.

가는 길(서울 기점) | 영동고속도로⇨면온나들목⇨횡성 방향 국도⇨6번 국도⇨봉평 효석문화마을⇨오대산 월정사

맛집 | 현대막국수(033-335-0314)와 고향막국수(033-336-1211)의 메밀막국수 및 메밀전병 | 이효석 생가터 별채(033-335-0594)의 메밀전 | 평창송어장(332-0505)의 송어회 | 오대산식당(033-332-6888)의 산채정식

머물 집 | 휘닉스 파크(336-6000) | 봉평펜션(033-333-6770) | 허브나라민박(335-2902) | 메밀꽃필무렵(336-2461) | 호텔 오대산(033-330-5000)

주변 명소 | 흥정계곡과 산채체험장 | 허브나라농원 | 평창무이예술관 | 한국자생식물원

여행정보 안내 | 평창군 문화관광과(033-330-2399, www.happy700.or.kr) | 효석문화제위원회(033-335-2323, www.bongpyong.co.kr)

메
밀
꽃
필
무
렵

평
창
군
봉
평

가을 문학기행 1번지
봉평 메밀꽃밭을 찾다

강원도 평창군 봉평땅은 소설 「메밀꽃 필 무렵」의 무대로, 아련한 향수를 불러일으키는 '가을문학기행 1번지' 다. 들목부터 늘어선 '메밀꽃 필 무렵 모텔' '메밀꽃 다실' '메밀꽃 헤어숍' '허생원과 동이 가든' 등등 소설 속에서 꺼내다가 이름을 붙인 집들의 간판이 이채롭다. 「메밀꽃 필 무렵」의 정서는 이미 이곳 봉평 마을사람들의 삶 속속들이 정겹게 배어 있는 것이다.

이효석이 고향땅 봉평 일원의 토속적인 풍정을 관능미로 훌륭히 묘사한 소설 속의 배경들은 지금껏 그대로 살아 있다. 소설의 주무대였던 봉평장터와 물레방앗간은 지금 한창 '효석문화제'로 들떠 있다.

봉평장거리에서 소설 속 허생원과 장돌뱅이들이 지친 여정도 풀 겸 수작을 벌였던 주막이 '충주집'이다. 집과 사람은 바뀌었지만 여전히 '충주집'이란 옥호를 내걸고 국밥을 말아 내놓고 있다. 막걸리 한 대접 따라놓고 국밥을 기다리는 참에 자꾸 국밥 마는 아주머니가 훔쳐봐진다. "충주집을 생각만 하여도 철없이 얼굴이 붉어지고 발밑이 떨리고 그 자리에 소스라쳐버린다"던 허생원의 연정이 떠올라서인가?

요요한 메밀꽃 천지를 배경으로 한 흥정천 맑은 개울가에 초가집들로 재현한 1930년대 재래장터는, 점차 맥이 끊기고 있는 장날의 구수한 생동감을 누려볼 수 있는 곳이다. 「메밀꽃 필 무렵」에 나오는 어물장수·땜장이·엿장수·생강장수 등과 딸랑딸랑 방울소리를 내는 당나귀를 끌고다니는 전통복장의 장돌뱅이가 등장하는 그 옛날 봉평장터 모습 그대로다. 과거로의 시간여행을 온 듯한 착각마저 들 정도다.

메밀꽃 가득 핀 야외무대에서 펼쳐지는 '노래와 만나는 문학의 밤' 무대에서는 소설 「메밀꽃 필 무렵」이 이곳 봉평 사람들의 낭독으로 답사객들의 가슴속에 다시 살아난다.

향토음식먹거리촌에서는 건강음식으로 각광받는 강원도 토종 메밀 음식을 맛볼 수 있다. 갓 말아낸 메밀막국수 한 그릇씩을 후루룩 마시고, 좌판 앞에 나란히 앉아 오순도순 메밀총떡을 나눠먹는 풍경이 참으로 정겹다.

바로 옆의 거리민속마당에선 굴렁쇠 굴리기, 비석치기, 팽이치기 같은 전통민속놀이를 오랜만에 체험해 보는 가족들의 즐거운 표정에서 동심들이 묻어난다. 힘 꽤나 쓸 법한 아빠들은 왼팔로만 경기를 하는 '허생 원팔씨름 목침뺏기'에 참여하여 젖 먹던 기운까지 다 쓰며 소설 속의 등장인물이 되어본다. 우리의 예쁜 딸들은 도란도란 엄마의 어릴 적 이야기를 들으며, "첫눈 내릴 때까지 손톱에 물들인 봉숭아 꽃물이 남아 있으면 첫사랑이 이루어진다"는 믿음으로 한창 꽃물 들이기에 열중이다.

이효석의 생가로 가려면 흥정천을 건너야 한다. 교통 편의를 위해 세워진 남안동 콘크리트 다리를 저버리고, 물가 동네마당에 놓인 돌다리도 건너보고 나무다리도 건너본다.

이효석의 아호를 딴 가산공원에는 이효석 흉상과 문학비가 세워져 있다. 문학평론가 김우종이 「이효석과 그 문학」이란 글제 아래 이효석의 문학세계를 객관적으로 더듬고 있다―"… 그가 남긴 문학은 1930년대 순수작단을 빛내는 가장 정교한 기념탑이었다…."효석문화제 기간 내내 열리는 거리백일장은 누구든 참여하여 글솜씨를 뽐내 볼 수 있는 마당이다.

어른들도 그 옛날로 돌아가 풋풋한 감상에 젖은 문학 소년·소녀가 되어 봄직하다.

해마다 9월이면 그리워지는 한폭의 서정
하얗게 흐드러진 메밀꽃 천지 효석의 고향
흥정천 돌아들면 반갑게 맞아주는 봉평장터
문득 첫사랑이 그리워지는 푸른 달밤에
'소금을 뿌린 듯한' 메밀꽃밭을 거니노라면
물방앗간을 감싸도는 '무섭고도 기막힌 밤'

이효석의 아호를 딴 가산공원에는 이효석 흉상과 문학비가 세워져 있다.

깊어가는 가을 달밤 메밀꽃밭은
그대로 소금을 뿌려놓은 듯하다

효석의 생가로 가려면 흥정천을 건너야 한다. 교통 편의를 위해 세워
진 남안동 콘크리트 다리를 저버리고, 물가 동네마당에 놓인 돌다리도
건너보고 나무다리도 건너본다. 그리고 가쟁이가 알맞게 벌어진 나무
를 베어다 다리발을 세우고 그 위에 장대목과 솔가지를 우적우적 엮어
묶은 다음 흙을 져다 덮은 엉성한 섶다리도 건너본다.

효석문화제의 백미는 메밀꽃이다. 물레방앗간과 효석의 생가로 접어

130

드는 길 주변 4만여 평은 온통 메밀꽃 세상이다. 효석의 묘사대로 "소금을 뿌려 놓은 듯" 피어 "숨이 막힐 지경"이다. 답사객들은 곳곳에서 감탄을 연발하며 눈부시도록 희디 흰 메밀밭을 벗하여 사진도 찍고 직접 압화 체험도 하면서 추억만들기에 분주하다. 소설 속의 등장인물 '동이'가 되어 직접 나귀를 끌어보기도 하고 만져보는 재미도 널려 있다.

산자락 아래에는 장돌뱅이 허생원이 성서방네 처녀와 "무섭고도 기막힌 밤"을 지샌 물레방앗간이 복원되어 있다. "돌밭에 벗어도 좋을 것을 달이 너무도 밝은 까닭에 옷을 벗으려 물레방앗간에 들어가질 않았나"라는 소설의 한 대목을 옮겨 새긴 기념비문을 읽으면서 유쾌한 상상 속으로 빠져드는 재미도 그만이다.

"거기서 난데없는 성서방네 처녀와 마주쳤단 말이네. 봉평서야 제일 가는 일색이었지" ─허생원이 드팀전 동업쟁이 조선달에게 들려준 이 대목을 떠올리며 사람들은 혹시나 하고 물레방앗간을 들여다보기도 한다.

메밀꽃 흐드러진 산자락에 얼마전 들어선 이효석문학관은 작가와 작품, 작가의 일대기에 관한 테마로 꾸며져 있다. 그의 육필원고와 안경, 책상 등의 유품과 짧았던 작가의 인생 역정 탐구, 고향 평창과 그의 삶의 연관 그리고 대표작 「메밀꽃 필 무렵」에 대한 연구 등을 한눈에 알아볼 수 있어 문학적 상상력을 더욱 풍성하게 해준다. 축제 기간에 이 문학관에서 열리는 '문학의 밤'과 '이효석 문학 심포지엄'은 이효석 문학에 더 깊이 젖어볼 수 있는 귀한 여정이다.

시나브로 짧아져 가는 가을해가 서녘 산마루에 걸칠 무렵이면 소달구지, 지게꾼, 당나귀, 장돌뱅이 차림 등 소설 속의 옛 장꾼들 모습을 재현한 가장행렬이 봉평 장거리를 누빈다. 들뜬 답사객들은 어느새 문학작품 속의 1930년대로 빠져들어 가장행렬에 어우러져 있다.

효석의 생가로 가는 길은 불행하게도 아스팔트길로 변해버렸다. 사람들은 차를 몰아 그 아스팔트 실을 달려 한달음에 왔다가 휘 둘러보고는

횅하니 돌아나가 버린다. 느낌이 없는 그런 여행은 참으로 안타깝다.

봉평 문학기행은 낮보다 밤이 제격이다. 밤이라야 소설 속에서 묘사하고 있는 풍미를 제대로 느낄 수 있다. 달이 가득 차 오를 밤을 기다려, 한길을 저버리고 산자락 아래 달빛과 메밀꽃이 어우러진 오솔길로 나선다.

"길은 지금 긴 산허리에 걸려 있다. 밤중을 지난 무렵인지 죽은 듯이 고요한 속에서 짐승 같은 달의 숨소리가 손에 잡힐 듯이 들리며, 콩포기와 옥수수 잎새가 한층 달에 푸르게 젖었다. 산허리는 온통 메밀밭이어서 피기 시작한 꽃이 소금을 뿌린 듯이 흐뭇한 달빛에 숨이 막힐 지경이다."

소설 속 밤풍경 그대로인 오솔길을 소요하노라니 나귀를 끌며 봉평장을 다녔을 허생원이 지금 저 앞에서 이리로 걸어오고 있는 듯하다.

효석 생가는 초가지붕만 붉은 함석지붕으로 바뀌었을 뿐, 거의 옛집 그대로 보존되어 있다. 생가 마당 엄나무 아래 쌓여 있는 여러 권의 방명록을 들춰 아름다운 문학기행 여정의 찬사들을 달빛 받아 읽는 즐거움이 쏠쏠하다.

메밀꽃 가득 핀 야외무대에서 펼쳐지는 '노래와 만나는 문학의 밤' 무대에서는 소설 「메밀꽃 필 무렵」이 이곳 봉평 사람들의 낭독으로 답사객들의 가슴속에 다시 살아난다. 또 가산공원 야외무대에서는 영화 「메밀꽃 필 무렵」이 하얀 스크린을 수놓는다. 봉평의 가을밤이 깊어 가면서 메밀꽃빛 더욱 눈부시다.

하얀 달빛 아래 메밀꽃밭을 스쳐 지나는 "나귀의 방울소리" 처럼 흔들리는 서정이 날숨을 쉬는 물레방앗간 앞 공터에 차를 세우고 침낭을 편다. 팔을 베고 누우니 차창 너머로 기어드는 달빛, 터걱터걱 물방아 돌아가는 소리에 잠은 멀리 달아난다. 저 물레방앗간 안에서 허생원과 성 서방네 처녀가 사랑을 나눈 "무섭고도 기막힌 밤" 이 주는 환청과 환상으로 아마도 밤을 지새야 할 모양이다.

오대산에 들어 옷깃을 여미고
부처의 가르침을 듣다

월정사月精寺로 향하는 오대산 전나무 숲길은 초록 그늘의 절정이다. 1킬로미터 남짓 이어지는 500년생 전나무 숲길이 자아내는 청량감에 휩싸인 심신은 숲의 신령스런 기운에 취하는데, 녹음 사이로 언뜻언뜻 스며드는 햇살이 눈부시다. 이 숲길의 참맛을 느끼려면 매표소 들목에 일찌감치 차를 버리고 설렁설렁 걸어들어야 한다.

나는 일찍이 함박눈이 내리던 겨울에 눈밭을 헤치며 이 전나무 숲길의 설경에 도취되었다. 무릎까지 푹푹 빠지는 눈길을 헤치고 찾아든 월정사 경내는 쥐죽은 듯한 적요에 빠져 있었다. 빼어난 영상미로 인상깊은 영화 「동승」의 마지막 장면도 바로 이 숲길의 겨울 설경이었다.

월정사 경내로 들어서자 팔각구층석탑이 맨 먼저 눈길을 끈다. 석탑 앞에 오른쪽 무릎은 꿇고 왼쪽 무릎은 세운 채 공양을 올리고 있는 석조보살좌상의 은은한 미소가 마음을 사로잡는다.

숲 깊고 산자락 부드러운 오대산은 아늑한 어머니 품안 그대로다. 발길 옮기는 곳마다 문수보살이 자비로 어루만진 흔적이 묻어 있다. 울창한 숲길의 천년 내밀한 정적을 가르는 오대천에는 문수보살이 죄 많은 세조의 등창을 씻겨 낫게 했다는 전설이 흐르고 있다. 행여 문수보살이

여행객의 피로도 말끔히 씻어줄까 싶어 오대천 시린 물에 고행중인 발을 담궈본다.

월정사를 뒤로 하고 상원사上院寺로 오른다. 오대산의 대종사 한암漢岩 스님의 발자취를 몸소 더듬으며 천년 수림의 푸른 숨결에 온 심신을 적시고 싶은 길이다. 상원사 경내 돌계단을 오르니 우리 나라

상원사 경내 돌계단을 오르니 우리 나라 범종 가운데 가장 오래되고 가장 아름답다는 범종이 금방이라도 징~ 하고 그 신비로운 울림을 들려줄 것만 같다.

울창한 숲길의 천년 내밀한 정적을 가르는 오대천에는 문수보살이 죄 많은 세조의 등창을 씻겨 낫게 했다는 전설이 흐르고 있다.

범종 가운데 가장 오래 되고 가장 아름답다는 범종이 금방이라도 징∼ 하고 그 신비로운 울림을 들려줄 것만 같다. 구름 위에 무릎을 꿇고 공후를 타는 비천상은 금방이라도 종신鐘身을 떠나 구름을 타고 저 세상으로 사라져 버릴 것만 같다.

구름 위에 무릎 꿇고 공후를 타는 선녀
그대 하늘거리는 옷자락을 펄럭이며
저 오대산 비로봉의 흰구름을 빌어타고
살풋 거룩한 적멸보궁으로 깃드려는가

상원사에서 다시 적멸보궁으로 이어지는 오솔길은 아이들과 오손도손 걸어도 1시간이면 족하다. 오대산 적멸보궁은 오대의 중심으로 불상이 없는 절이다. 부처의 진신사리를 봉안한 5대 적멸보궁 가운데 으뜸 명당으로 신도들의 발길이 끊이지 않는 성지다. 부처가 열반에 들며 중생에게 설파했다는 마지막 가르침은 종교를 떠나 모든 중생이 마음에 담아야 할 가르침이 아닌가 싶다―"진리 외에 하찮은 다른 것에 의지하지 마라. 만들어진 것은 모두 사라지게 마련이니…."

산과 들, 바다와 사람이 조화로운 서해안의 진주를 마음에 걸다

바람모퉁이가 열어놓은

해창 갯벌에 빠졌다가

파도가 빚어놓은

채석강에서 노을에 물들다.

다시 곰소 소금꽃으로 피어

전나무 숲길로 든 내변산

내소사 관음조의 전설을 듣고

직소폭포 물안개에

더위를 식히다.

가는 길(서울 기점) | 서해안고속도로(호남고속도로-태인 나들목) ⇨부안 나들목⇨30번국도 변산반도

맛집(부안의 3대 맛집) | 부안읍내 계화회관(063-584-3075)의 백합죽과 백합구이 | 변산온천산장(063-584-4874)의 바지락죽 | 곰소쉼터휴게소(063-584-8007)의 젓갈백반

머물 집 | 썬리치랜드호텔(063-584-8030) | 모항레저(063-584-8867) | 변산통나무집(063-584-2885)

주변 명소 | 개암사 | 월명암 낙조대 | 구암리 고인돌 | 부안 이매창 시비 | 반계 고택 | 원숭이학교

여행정보 안내 | 부안고청 문화관광과(063-580-4449, www.buan.go.kr) | 변산반도 국립공원관리공단(063-582-7808, www.npa.or.kr/pyonsan)

해창 갯벌을 지나 파도가 빚은
절경 채석강에 놀다

    노령산맥 한 줄기가 서해바다로 빠져들기 전에 산과 들 그리고 바다의 소담스런 정취를 절묘하게 조화시켜 빚어놓은 걸작이 변산반도다. '한국인이 가장 가보고 싶어하는 곳' 으로 꼽히는 서해안 최고의 절경으로 누구와 함께라도 좋을 사계절 여행지다. 최근 이곳은 새만금 간척 사업과 위도 핵폐기장 건설 사업을 둘러싼 갈등으로 뉴스의 초점이 되면서 민심이 자글자글하다. 그래서인가, 애잔한 그리움으로 다가오는 이곳을 더욱 찾아보고 싶었다.

변산반도를 에두르는 30번 국도는 그 이름이 너무 멋져 이 길을 지날 때면 몇 번씩이고 입에 올려보는 '바람모퉁이'에서부터 바다를 보여주기 시작한다. 이 길로 격포~곰소~우동리까지 200여 리에 걸쳐 펼쳐지는 풍광은 필설로는 형언할 수 없는 천하 절승이다.

바람모퉁이를 돌아들자, 일망무제의 뻘밭이 펼쳐진다. 썰물진 갯벌은 끝간 데를 가늠하기 힘들 정도로 광활하다. 질퍽한 저 갯벌은 인간들이 버린 썩은 욕망의 찌꺼기들을 걸러내고 새로운 생명을 움트게 하는 '지구의 허파'가 아니던가. 그런데 이 뻘밭의 숨통을 통째로 틀어막아 뭘 어쩌자는 걸까? "단군 이래 최대의 토목공사…" 운운하며 선전되어온 '새만금 방조제'는 아마도 "단군 이래 최대의 흉물"이 될 게 틀림없다.

해창 갯벌에는 새만금 간척공사를 반대하는 환경단체들이 세워놓은 장승들이 이채롭다. 장승들의 얼굴은 여느 곳의 지하여장군이나 천하대장군이 아니다. 망둥어, 칠게, 농게, 조개 등 모두가 이 갯벌의 주인공들이다. 어쩌면 머지않아 먼지만 풀썩이는 황무지로 사라져 버릴지도 모를 저 풍요로운 갯벌의 운명은 지금 백척간두百千竿頭에 서 있다. 그래서 800여 리의 머나먼 길을 65일 동안 목숨을 건 삼보일배三步一拜의 순례 행렬이 이어졌을 터이다. 우리가 깃들어 사는 자연의 생명을 지켜야 우리도 그 안에서 온전히 목숨을 부지할 수 있을 것이라는 진리는 시대를 초월하여 변함이 없다.

변산반도의 꼬리처럼 앞바다로 쑤욱 나앉은 모항은 그냥 지나쳐 달리지 못하게 발길을 붙든다. 시인 안도현의 「모항 가는 길」이 떠오른다―"너, 문득 떠나고 싶을 때 있지? … 모항을 아는 것은 변산의 똥구멍까지 속속들이 다 안다는 뜻이거든." 모항은 팽팽한 활시위처럼 휘돌아진 꼬마해수욕장을 등에 엎고 있다. 썰물 진 갯벌에는 게와 망둥이 새끼들만이 신났다. 발자국 소리를 죽여가며 가만히 게구멍을 들여다 보다가 슬그머니 나온 게를 잡는 재미가 쏠쏠하다. 잠시 뱃길을 잃은 빈배들은 갈매기 떼가 차지하고 있다. 한적한 송림 사이로 어머니 젖내가 날 것 같은 작은 포구를 어슬렁거려 본다.

"변산반도에 있는 강 이름 두 곳 맞추어 볼 사람?" "채석강! 적벽강!"

“그곳이 강이냐, 해안단애지.” 해안가의 절경을 바라보며 구불구불 이어져 나가는 길에서 우리들의 여행 선문답은 이렇게 마냥 즐겁기만 하다.

바닷물의 오랜 침식을 받아 마치 수만 권의 책을 층층이 쌓아 놓은 듯한 충암절벽의 모습이 이채로운 채석강은 시선詩仙 이태백이 술에 취해 달을 따러 들어갔다가 그만 익사하고 말았다는 그 채석강과 너무나 닮은 절경이다.

썰물진 검은 암반 위를 거닐며 한낮 햇살이 빚어내는 은빛 물비늘을 바라본다. 정신이 혼미할 정도로 어지럽다. 해가 수평선 너머로 기울면서 바다는 시나브로 금빛, 주홍빛, 진홍빛으로 옷을 갈아입는다. 눈물이 나도록 아름다운 노을이 파도를 타고 넘어와 채석강을 붉게 물들이면 사람들은 너나없이 말을 잃는다. 순간 적막이 감돌면서 바위에 부서지는 파도소리만 높다.

채석강에서 500미터쯤 떨어져 있는 적벽강도 억겁의 세월이 빚어낸 걸작이다. 검푸른 동굴과 그 위에 청청하게 서 있는 소나무가 서해를 굽어보고 있다. 절벽 위의 수성당에서 바라보는 위도와 칠산바다는 한 폭의 그림이다. 채석강과 적벽강을 안은 격포항 저 편에 떠 있는 큰 섬이 위도다. 「홍길동전」에 나오는 이상향 ‘율도국’의 실제 모델로 알려질 만큼 그 풍광이 아름다운 섬이다. 적벽강 사이로 기우는 해넘이는 뭍에서 가장 늦다. 그래서 더 서럽고 황홀하다는 것인가.

해는 어느새 수평선 너머로 자취를 감추고 사위가 어둠에 묻히자 방파제 끝점에서 등대불이 반짝인다. 그 불빛이 서 있는 방파제 끝을 향해 걸어나가 본다. 갯내음에 묻어 들려오는 소리가 그려내는 노쇠한 삶의 파편들―밀려오는 잔물결에 삐걱이는 배들의 숨결은 지쳐 있다. 방파제에 주욱 늘어선 포장마차들은 하나 둘씩 낭만의 불빛을 밝힌다. 앉은뱅이 탁자에 앉아 소라 한 접시 안주 삼아 소줏잔을 기울이는 밤바다―오늘밤도 이 포구를 지키는 초병은, 늘 그래왔듯이 저만치 나가 서 있는 등대 불빛이다.

곰소 소금밭

바다와 태양, 바람이 빚은
하얀 보석 곰소 소금을 맛보다

곰소에는 고집스럽게 우리 것을 지켜내며 살아가는 이들이 그려내는 풍광이 있다. 바둑판처럼 구획을 그리며 펼쳐져 있는 너른 소금밭이 그곳이다. 조선시대 이중환이 『택리지』에서 "소금 굽기에 알맞은 곳"으로 지목한 대로 질 좋은 소금을 생산해온 곰소는 소금밭 천지다.

증발지, 결정지가 대부분을 차지하는 소금밭 사이 사이로 난 용수로, 역수로, 배수로, 도수로를 따라드는 소금밭 체험은 독특한 여정이다. 2월부터 시작하여 11월 중순에 한 해 일을 마치는 소금밭에서는 대개 맑은 날은 오후 대여섯 시쯤에 소금을 거두어들인다.

오랜 세월 우리 소금의 명성을 지켜온 이곳 소금밭도 요즘은 하루를 버티기가 고단한 실정이다. 값싼 외국산 수입 소금에 밀리고, 높은 품삯에도 일손을 구하지 못해 애가 탄다. 힘 빠진 늙은이들만 남아 겨우겨우 명맥을 이어가는 현실이다. "그래두 하늘만 도와주면 이놈의 소

금밭 팽개칠 생각은 눈곱만큼도 없지라 잉." 올해로 소금밭에 20년째 발을 담그고 산다는 김형보·윤남심 노부부의 땀방울 뚝뚝 떨어지는 말이다.

소금을 만드는 원리는 간단하다. 햇볕에 바닷물을 증발시키면 된다. 그러나 소금꾼들이 흘리는 땀은 만만치 않다. "짠 기운이 낮을수록 질 좋은 소금이지라. 소금 일이라는 게 하늘이 도와야 해묵제, 비라도 자금자금 와버리면 소금 될 물이 빗물 되야분께 허당이랑께. 그런 날이 많아불면 그해는 소금도 별거 없지라. 비가 오살나게 와버리면 그땐 밥 굶기 따악 좋구. 요로코롬 해가 빠짝빠짝 나고 바람이 산들산들 불 때가 소금 맹글기에 제일루 좋구만요잉."

농도가 높아진 바닷물이 마지막 결정지에서 하얀 결정체로 수확되는 저 소금꽃은 우리 식탁에 없어서는 안 될 가장 귀한 보석이다. 수확되는 순간들의 과정이 신비하다. 날씨가 좋으면 하루에 한 차례씩은 대략 10포대 정도씩 걷어 '백곰표' 소금으로 출하되고 있다.

이 소금밭 한 옆으로 주욱 늘어선 20여 채의 거무튀튀한 판자집들은 소금창고다. 붉은 노을이 서럽게 내려앉는 저물녘, 거무스레한 소금창고가 조금은 삐닥하게 서 있는 빛 바랜 풍광에 취하곤 하던 나는 소금창고 안에 눈부시게 하얀 소금들이 보석처럼 소복이 쌓여 있다는 걸 미처 몰랐었다.

곰소포구의 길가는 온갖 젓갈 냄새로 진동한다. 멸치액젓을 비롯하여 새우젓, 황석어젓, 밴댕이젓, 바지락젓, 갈치속젓, 멸치젓, 고노리젓 등 무려 20여 가지가 넘는 젓갈 천국이다. "전라도 맛깔난 음식 맛의 근본은 여기에서 죄 나오지라…." 잘 삭은 젓갈 한 수저면 밥 한 그릇이 게눈 감추듯 사라진다는 이곳 젓갈은 입맛 돋우는 데는 그만이라 한다. 아무래도 오늘 저녁 밥상은 맛깔스런 곰소젓갈만으로 한 상 푸짐하게 차려 내놓는다는 '곰소쉼터식당'에 맡겨야 할 것 같다.

관음조가 못다 그린 내소사를 거쳐
직소폭포에서 땀을 식히다

내변산 직소폭포

내소사來蘇寺나 개암사開巖寺가 있는 내변산은 그 옛날부터 난세를 피하기 좋은 십승지十勝地로 꼽히던 곳이다. 현명한 이들은 세상의 유혹를 벗어나고자 이 변산의 자연을 찾았을 터이다.

내소사 산문山門에 들어서면, 하늘로 쭉쭉 뻗은 전나무들이 도열해 있는 숲길이 상큼한 피톤치드 향기를 뿜어내며 반긴다. 700여 미터에 이르는 이 숲길은 경내로 들기 전에 세속의 묵은 때와 짐을 벗으라는 부처의 가르침이 쟁쟁한 길이다.

천왕문을 지나서면 천 년의 세월을 헤아려온 '할아버지당산나무' 가 눈길을 붙든다. 일주문 바로 앞의 할머니당산나무와 한 짝인 셈이다. 절 안에 무속의 당산나무가 들어와 천 년을 누리고 있음은 무슨 뜻인 가? 당제 때는 내소사 스님들의 독경까지도 대접받는 나무라니, 내소사 부처가 저자거리 토속과도 친구 삼는 모습이 정겹다.

내소사는 병풍처럼 둘러쳐진 가인봉 풍광에 안겨 있다. 대웅전은 쇠 못 하나 쓰지 않고 모두 나무로만 깎아 끼워 맞춘 다포계 전통 조선 건 축물로 소박하면서도 그 조형미가 예사롭지 않다. 특히 대웅보전의 정 면 세 칸 여덟 짝 문의 문살을 장식한 무늬는 국화꽃, 해바라기꽃, 연꽃 등 여러 꽃들이 가득 피어난 꽃살문양이다. 빛 바래어 희미하게 남은 색깔을 들여다보고 있노라니, 꽃향기가 묻어나는 듯한 환상에 젖는다. 저 꽃살 하나하나를 새기고 파서 이어 맞춘 이의 공력이 수백 년을 지 나서도 후세의 마음을 사로잡으니, 오늘날의 경박한 솜씨로는 흉내낼 수 없는 경지다.

지난 밤, 절 앞의 사하촌에 잠자리를 얻은 까닭은 새벽 내소사의 화공 관음조를 만나기 위해서였다. 대웅보전만이 단청 하나 없이 나무 그대 로의 결만 남아 미완의 사연을 전해주고 있다. 대웅전이 다 지어질 때 쯤 한 화공이 찾아들어 선사에게 단청을 그리겠다고 자청하면서 "백일 동안 누구든 건물 안을 들여다보지 말라"고 신신당부했다. 선사가 온 절 식구들을 엄하게 단속했지만 호기심 강한 사미승이 그만 명을 어기 고 몰래 대웅전 안을 들여다보고 말았다. 사미승이 보니, 화공은 간데 없고 새 한 마리가 입에 붓을 물고 그림을 그리고 있었다. 그 순간, 자

신의 모습이 들킨 것을 알아차린 새는 놀라서 날아가 버렸다. 그래서
대웅전 왼쪽은 단청이 그려져 있지 않는 채 남아 있다고 한다.

　자연석을 그대로 이용해 각기 다른 주춧돌 위의 길고 짧은 아랫기둥
들이 이채로운 봉래루는 자연미를 중시한 조상들의 미적 감각이 돋보
이는 건축물이다. '그랭이 기법'이라고도 일컫는 이 건축기법은 우리
나라에만 있는데, 세월이 흘러도 벌레가 끼지 않고 물이 스미지 않아
근래에 세계 건축계에서 연구 대상이 되고 있다. 대웅전 법당 안 후불
벽화의 기품도 만만치 않다.

　경내 한편에 놓인 커다란 돌수반에는 수련 몇 송이와 절을 품은 능가
산 자락의 구름꽃 자태도 함께 피어나 그야말로 한 폭의 산수화를 그려
놓고 있다. 산책중이던 한 스님이 변산과 어우러진 내소사의 비경을 더
욱 깊은 맛으로 그려보인다―"송풍회우松風檜雨(소나기 내리는 소리
처럼 들려오는 소나무 전나무숲을 스치며 이는 바람소리), 소사모종蘇

경내 한편에 놓인 커다란 돌수반
에는 수련 몇 송이와 절을 품은
능가산 자락의 구름꽃 자태도 함
께 피어나 그야말로 한 폭의 산
수화를 그려놓고 있다.

寺暮鐘(낙조 드리운 포구를 향해 만선 깃발을 펄럭이며 돌아오던 황포 돛대 고깃배와 그 순간 은은히 울려 퍼지는 소래사 대북소리가 어울린 풍요로운 서해바다 풍경)."

내소사에서 시작한 내변산의 비경은 직소폭포에 이르러 절정에 이른다. 천왕문으로 들기 전 전나무 숲이 거의 끝나는 왼쪽 길로도 직소폭포에 이를 수 있지만 아이들과 함께 하기에는 다소 험하다. 반대편 736번 도로 옆의 내변산 매표소부터 시작되는 길이 가족과 함께 오르기에는 무난하다.

직소폭포로 드는 초입은 산골 오지의 한가로운 여유를 한껏 누릴 수 있는 흙길이다. 실상사 절터를 지나자 자연탐방로가 이어진다. 아이들은 정겨운 우리 땅의 나무들과 야생화 이름 부르기에 신명이 나는 모양이다. "이게 산딸나무, 저것은 노린재나무, 요것은 때죽나무…." 맑은 봉래계곡을 지나면서 통나무 층계를 오르면 울창한 녹음이 터널을 이루는 길이 서늘하다. 이어지는 바윗길을 넘으면 산중의 무릉도원을 담고 있는 너른 호수가 눈앞에 펼쳐진다. 거대한 바위산이 그림자진 물 위로 손뼘만한 돌고기, 버들치들이 유유히 헤엄치고 있다. 폭포를 만나기도 전에 이미 나는 이 매혹적인 풍광에 푹 빠져 정신이 하나도 없다.

이마에 땀방울이 맺힐 즈음에 한 굽이를 넘으니 갑자기 우레소리가 산을 울린다. 내려서면 바로 시퍼런 소를 이루고 있는 선녀탕이다. 그 옛날, 나무꾼이 훔쳐보는 줄도 모르고 선녀들이 두레박을 타고 내려와서 목욕을 즐겼을 터이다. 여기서부터 밧줄을 잡으면서 바위를 타고 올라서면 마침내 내변산 제1경 직소폭포가 눈에 잡힌다. 전망대 저편으로 장하게 쏟아지는 폭포 줄기가 시원스럽다. 30미터 바위절벽에서 수직으로 쏟아져 내리는 물줄기가 하얀 포말을 일으키며 물안개를 피워내고 있는 상관을 보노라니 더위가 싹 가시고 온몸에 소름이 돋는다. 내변산은 과연 그 비경을 속살 깊이 감춰두고 있어, 부지런한 이가 아니면 허락하지 않을 법하다. 이 길로 곧장 나아가 재백이고개로 한참을 넘어가면 저편에 두고 에둘러온 내소사일 터이다.

해금강을 시샘하여 떨어진
동백꽃 주워들고 몽돌밭에 눕다

옥포대첩을 기리고

포로수용소에서

분단의 아픈 역사를 둘러본 다음

외도 아열대림을 소요하다가

해금강 비경에 취해

동백꽃 주워들고

몽돌해변에서 해조음에 취하다.

즐거운 여정을 위한 길라잡이

가는 길(서울 기점) ｜ 경부고속도로⇨대진고속도로⇨사천나들목
⇨통영⇨(14번 국도)⇨거제도

맛집 ｜ 항만식당(055-682-4369)의 해물뚝배기탕 ｜ 고현정식당
(055-637-2445)의 해물한성식

머물 집 ｜ 해금강과 바다풍경이 한눈에 드는 해금강호텔(055-
633-1530) ｜ 숲이 짙은 거제도 자연휴양림(055-632-2221) ｜ 거
제관광호텔(055-687-3761)

주변 명소 ｜ 지심도(동백섬) ｜ 거제박물관 ｜ 거제자연예술랜드 ｜
청마생가

여행정보 안내 ｜ 거제시 문화관광과(055-639-3253, www.
geoje.go.kr) ｜ 외도해상농원(031-717-2200 : 경기 분당사무소,
www.oedoisland.com)

포로수용소와
외도 아열대림

포로수용소 아린 사연을 안고
외도 아열대림을 소요하다

    통영과 거제도 사이의 견내량해협을 잇는 거제대교를 건너면서 섬으로의 여정은 시작된다. 효충사에서 유림들의 '제례봉행'으로 막을 여는 역사문화축제가 펼쳐지는 주행사장은 옥포대첩기념공원이다. 왜적의 침입으로 나라가 풍전등화에 처했던 임진년, 최초의 승전보로 국운을 다시 충천시킨 자랑스런 유적지다. 전라좌수사 이순신 장군을 비롯하여 원균 장군, 옥포만호 이운룡 등이 거느린 전함이 이곳 옥포만에 정박해 있던 왜선 30여 척을 수장시켰다.

이 축제의 개막행사 하이라이트는 '옥포대첩 승전 행차 가장 행렬' 이
다. 그날의 승전보를 오늘에 다시 알리는 북소리가 거리를 가득 메운
다. 거제도 고유의 민속 풍물도 흥겹다. '팔랑개 어장놀이' 는 배를 진
수할 때나 그물을 내릴 때 고사형식으로 지낸 배신굿과 풍어제를 겸하
는 어장놀이다. 만선기를 꽂은 배의 선창 위에서 "만선이요!"를 외치
며, 풍어가와 가레소리를 부르는 어부들은 신명이 난다―" … 장대 끝
에다 고기를 꽂고~ / 장대 끝에다 댕기를 꽂고~ / 어허 여루 가래야~
/ 어허 여루 가레야~ …." 대바구니와 굴쪼시를 들고 덩실덩실 춤을
추며 함께 부르는 노랫말도 익살스럽다.

......

얼씨구 좋타 절시구 좋타 / 연두야 새섭에 굴 까러 가세
각시야 자자 각시야 자자 / 삼든 삼가래 제쳐놓고
신랑아 자자 신랑아 자자 / 보든 책장 덮어놓고~

......

장승포항 선착장에서 수십 척의 배들이 바다를 가르는 '승첩풍어제'
를 구경하다가 바다를 통째로 요리해 내놓은 듯한 맛을 자랑하는 '항
만식당' 에서 해물뚝배기탕 한 그릇을 즐긴다. 청정 남해에서 갓 잡아
올린 소라, 돌게, 갯가재 등이 부글부글 구수한 된장간에 익어가며 내
는 깊고도 담백한 맛이 그만이다.

해금강과 지심도, 외도와 같은 아름다운 풍광을 품고 있는 거제도는
그 옛날 유배객들의 눈물뿐 아니라 분단의 생채기도 안고 있다. 거제시
고현리에 자리한 거제포로수용소가 바로 분단의 아픔을 새기게 하는
역사의 현장이다. 한국전쟁 당시에 17만여 명이 넘는 북한군, 중공군
포로가 수용되었던 곳이다.

6·25 남침을 상징하는 소련제 T-34탱크 모형 속으로 들어가면서부
터 아픈 역사 기행은 시작된다. 포로수용소 디오라마관, 포로생포관,
포로수용소 게이트 등을 지나면 철조망으로 둘러쳐진 포로수용소 야외
막사와 감시초소, 야전병원 등이 완벽하게 재현되어 있다. '반공포로'
와 '친공포로' 간의 다툼으로 유혈 살상 폭동이 자주 일어났다는 포로

수용소는 또하나의 축소된 전쟁 현장을 우울하게 보여준다.

몇 해 전, 배창호 감독의 영화 「흑수선」의 촬영현장이었던 실물 수용
소는 색다른 여정을 선사한다. 남로당 스파이였던 손지혜(이미연 분)와
머슴이었던 황석(안성기 분)간의 50년에 걸친 애잔한 사랑 이야기가 떠
오른다.

아직도 몇 채의 건물들이 남아 당시의 모습을 그대로 보여주고, 경비
대장 집무실의 벽에는 도드 준장 피랍사건의 경위를 그린 벽화가 희미
하게 남아 있다. 분단의 아픔을 점철해온 역사는 아직도 하나가 될 날
을 가늠할 수 없으니 안타까운 노릇이다.

거제도 여행의 백미는 유람선을 타고 외도와 해금강 일원을 구경하
는 것이다. 장승포항은 양지암과 서이말 등 아름다운 '곶' 사이에 들어
앉아 있다. 장승포항을 출발한 유람선은 앞바다로 길게 뻗어나간 방파
제 끝에 오롯이 서 있는 빨간 등대와 하얀 등대 사이를 빠져 나오며 "뚜
우~ 뚜~" 뱃고동을 울린다.

외도 선착장에 도착하면, 먼저 나와 반기는 빨간 기와가 얹혀진 아치
모양의 외도 정문은 지중해 연안의 섬에 드는 듯 이국적이다. '전망화
장실'의 작은 창들을 통해 바라보는 쪽빛바다와 섬들의 풍경도 제법
운치가 있다.

몇 해 전, 배창호 감독의 영화
「흑수선」의 촬영현장이었던 실
물 수용소는 색다른 여정을 선
사한다.

원시 동백숲과 대나무숲 그리고 종려나무, 선샤인, 선인장 같은 아열대림의 조화 속으로 쉬엄쉬엄 걸어 오르는 산책길에서는 동박새, 물총새들이 노래하고 차이코프스키의 고전음악이 잔잔하게 흐른다. 이 길에서 적도의 태양보다도 더 화려한 립스틱을 바른 젊은 여인들의 입술은 제라늄, 피어리스, 디지털리스 같은 꽃이름을 읊는다.

프랑스 베르사이유 궁전의 정원을 닮은 '비너스가든'은 외도 풍광의 절정이다. 이 환상의 정원에서 자연과 인공의 조화를 완상하며 느릿느릿한 걸음으로 한껏 해찰을 부려본다.

이곳은 드라마 「겨울연가」의 라스트 신 촬영지이기도 하다. 두 연인은 지독한 그리움 끝에 눈물 그렁그렁한 모습으로 꽃과 바다가 어우러진 예쁜 집 앞에서 재회하며 사랑의 의미를 새긴다―"어때 맘에 드니?" "사랑하는 사람에게는 서로의 마음이 제일 좋은 집이잖아요…."

전망대의 멋진 카페에서 한 잔의 차를 마시며 내려다보는 섬 동쪽 끝 벼랑 아래의 물개바위, 남근바위 특히 177개의 공룡발자국이 발견된 공룡굴과 공룡바위는 그대로 「쥬라기 공원」이다. 저 앞바다 너머로 건너다 보이는 섬이 바로 해금강이다. 제 아랫녘에 비단 같은 해무를 두르고 신비로운 자태를 수줍은 듯 가리고 있다.

외도를 한바퀴 도는 데는 30여 분쯤 걸린다. 그런데 지중해에 온 듯한 환상적인 풍광에 홀린 우리 일행은, 지난 번 외도 기행 때처럼 여전히 허락된 시간을 훌쩍 넘기고 말았다.

남도의 해금강을 에돌아나와
학동 몽돌밭에 뒹굴다

유람선은 외도에서 다시 8분여 동안 파란 물살을 가르며 해금강으로
향한다. 바위 두른 해안을 끼고 돌자 해금강이 모습을 드러내기 시작한
다. 깎아지른 기암절벽으로 이루어진 섬들을 돌아드니, 파도와 해풍이
절벽 곳곳에 기묘한 형상을 연출해놓고 있다.

바다를 향해 포효하는 사자바위를 비롯하여 촛대바위, 용틀임바위,
신랑신부바위 등이 이룬 풍광은 과연 북녘의 해금강 못지 않은 절경이

다. 열십자를 이루는 십자동굴 앞에서 유람선이 해벽 틈새로 들어서는 순간, 선상으로 튀어 오르는 하얀 포말과 함께 여행객들의 탄성은 절정을 이룬다. 진시황제의 명으로 불노장생초를 구하러 이곳까지 왔다던 서불 일행이 그네를 탔다는 전설이 실감나는 명승지다.

장승포항에서 해금강 입구에 이르는 칠십 리 동부해안도로에서 바라보는 풍광은 과연 절승이다. 푸른 잎새들이 반짝반짝 그 윤기를 더하는 동백나무 가로수와 다도해의 아름다운 풍광이 계속하여 이어지는 길로 윤돌도라는 고운 섬을 앞바다에 안고 있는 구조라 해변을 지나 조금 더 달리면 학동 몽돌밭 해변이다. 파도가 하얗게 포말을 토할 때마다 흑진주빛 몽돌들은 "짜르르르 짜르르르…" 연신 해조음을 들려준다.

다시 전망 좋은 해안도로를 따르면 우리 나라 최대 규모를 자랑하는 야생 동백나무 군락지인 학동이다. 신비의 새 팔색조가 깃을 친다는 바닷가 언덕, 3만여 그루의 동백숲은 청량하다. 이 길 바로 남녘으로는 폭 30미터, 길이 200미터의 함목해수욕장이 소담스럽다. 그해 여름, 뜨락처럼 앙징맞은 이 몽돌밭에 취해 여러 날 야영을 했었던 추억이 새롭다.

1018번 지방도로를 따라 거제도 남단의 저구리부터 거제대교까지 이어지는 서부해안도로는 다도해 특유의 아늑한 풍광을 안겨주는 길이다. 무지개마을에서 여차마을에 이르는 십여 리에는 대·소병태도, 매물도 등이 수십 길 벼랑 아래 바다에 점점이 떠 있다. 긴 몽돌해변과 아

담한 포구를 품은 여차마을의 절경이 내려다보이는 길가 벼랑 위로 쏟아져내리는 햇살이 눈부시다.

해거름이 밀려드는 시각, 통영에 속한 한산도를 비롯하여 추봉도, 용초도, 비진도 등을 완상하면서 귀로에 오른다. 삶의 무게를 이기지 못해 심신이 지쳐오면 그때쯤 나는 다시 저 섬들로 건너가고 있을 것이다.

열십자를 이루는 십자동굴 앞에서 유람선이 해벽 틈새로 들어서는 순간, 선상으로 튀어 오르는 하얀 포말과 함께 여행객들의 탄성이 절정을 이룬다.

노을진 하늘을 뒤덮은
철새들의 군무에 넋을 잃다

천수만

겨울 철새들과 놀다가

간월암 돌계단 길을

눈바람 맞으며 걷다.

세심동 개심사의

그윽한 곡선미를 타고 흐르다가

마애삼존불의 해탈한 미소를 뵙다.

즐거운 여정을 위한 길라잡이

가는 길(서울 기점) | 서해안고속도로⇨홍성 나들목⇨96번 지방도로 태안 방면⇨천수만

맛집 | 오뚜기 횟집(041-662-2708)의 새조개 샤브샤브 | 사계절 식당(041-664-3090)의 영양굴밥 | 꽃게천국(041-665-4679)의 꽃게범벅 | 진국집(041-665-7091)의 게국지

진짜 어리굴젓 맛보기 | 간월도 수협에서 직영하는 간월도 초입의 '간월도 어리굴젓 가공 공장'(041-662-4622)에서 생산된 '무학표'를 사면 가장 확실한 간월도 산 어리굴젓 맛

머물 집 | 아침 철새 비행을 보려면 간월도 주변의 전망좋은집 (041-664-2483) · 창리장(041-664-1369) | 안면도의 롯데오션 캐슬(041-671-7000) | 시사이드펜션(041-674-6222)

주변 명소 | 안면도, 해미읍성, 보국사터

여행정보 안내 | 서산시청 문화관광과(041-660-2464, www.seosan.chungnam.kr) | 서산 천수만 철새축제 추진위원회 (041-669-7744, www.seosanbird.com)

천수만의 철새

천수만 철새들의
황홀한 날갯짓을 보다

자칫 움츠러들기 쉬운 이 겨울에 철새 탐조 기행은 색다른 활력을 주는 여정이다. 수십만 마리의 철새들은 그 작은 날갯짓으로 수만 킬로미터를 날아와 우리 땅에서 잠시 쉬어가거나 아예 보금자리를 틀고 겨울을 난다. 몇 안 되는 철새 도래지 가운데 가장 개체수가 많고 환상적인 나래짓을 보여주는 곳은 바로 충남 서산 천수만 간월호와 부남호다.

철새들이 날아들기 시작하는 10월 중순부터 11월 초, 천수만으로 떠나는 철새 탐조 기행은 더없이 근사한 낭만을 선사할 터이다.

천수만 일원은 시베리아에서 번식하는 수많은 새들이 가을엔 남쪽으로, 봄엔 다시 북쪽으로 이동하는 경로에 있는 중간 기착지다. 또 비교적 풍부한 먹이와 적합한 생태 환경을 갖추고 있는 이곳은 가장 다양한 종류의 철새들을 볼 수 있어 세계적인 철새 도래지로 떠오르고 있다.

방조제 오른편으로 맨 먼저 간월호가 나타난다. 1984년 故정주영 현대그룹 창업주가 '유조선 공법' 이라는 희대의 아이디어로 어려운 물막이 공사를 성공시킨 일화가 서려 있는, 천수만 간척지에 만들어진 인공 호수다. 올해도 어김없이 천수만에는 청둥오리, 가창오리, 청머리오리, 논병아리, 물닭, 쇠청다리도요, 뜸부기 등이 단골손님으로 찾아들었다.

호수 안쪽 중간, 가로막이 둑이 있는 곳은 철새떼로 뒤덮여 '갈색의 긴 모래톱' 처럼 보일 정도다. 가창오리는 그 수가 워낙 적어 국제보호

솟대 조형물이 길잡이처럼 하늘을 날고 있는 축제장에선 철새주제관, 가창오리 군무 영상, 습지와 새들의 친구, 새와 함께 사진찍기 등 감동의 여정이 기다리고 있다.

조로 지정되어 있다. 천수만에 찾아드는 20만여 마리의 가창오리떼는 지구 전체에 생존하는 가창오리의 90퍼센트나 된다. 유럽의 작은 저수지에서는 가창오리떼가 수천 마리만 나타나도 수많은 탐조인들이 그 아름다움에 감탄을 금치 못한다는데, 20만여 마리가 새까맣게 뒤덮는 천수만의 장관이야 말할 필요조차 없을 터이다.

해마다 11월 내내 간월도 일원 천수만에서 펼쳐지는 '서산천수만 철새축제'는 '새와 사람의 아름다운 만남'을 꿈꾼다. 솟대 조형물이 길잡이처럼 하늘을 날고 있는 축제장에선 철새주제관, 가창오리 군무 영상, 습지와 새들의 친구, 새와 함께 사진찍기 등 감동의 여정이 기다리고 있다. 이 축제의 백미는 단연 천수만 철새 탐조 기행이다.

철새 탐조 기행에는 조류 전문가가 동반하여 철새들의 생태 관찰을 도와준다. 이 탐조 기행에는 가능하면 원색을 피하고 수수한 옷으로 입되, 방풍 보온이 뛰어난 옷차림이 제격이다. 그리고 새들은 후각이 발달해 있으므로 진한 향수나 화장품은 삼가야 한다. 가능하면 새들이 머무는 곳 근처에서는 자동차를 운전하지 말고 정숙해야 하며, 이동할 때는 멀리 에둘러 접근해야 한다. 관찰을 위해 조류도감과 7~10배율 망원경을 준비한다면 더욱 근사한 탐조기행이 될 것이다.

드디어 안면도 너머 서녘 수평선으로 해가 기울며 눈 시리도록 고운 노을이 붉게 물든다. 그 순간, 수십만 마리의 가창오리떼가 한꺼번에 날아올라 노을진 하늘을 뒤덮는다. 시나브로 다양한 모양을 지어내는 거대한 은하수 띠구름 같은 새들의 군무는 보는 이의 탄성을 자아낸다. 살아 움직이는 예술 작품이요, 눈으로 보는 교향악이다. '천지 창조'의 감격이 이러했을까? 사람들은 목을 제낀 채 그저 넋 놓고 하늘만 쳐다볼 뿐이다. "와~!" 이 한 마디의 감탄사 외에 사람들은 모두 말을 잃어버렸다.

> 잿빛 겨울하늘을 떨구고 싶다 / 무거운 일상을 내려놓고 싶다
> 그 하늘에서 깃털로 날고 싶다
> 저 아늑하고 풍요로운 호수를 / 찾아든 수십만 마리 철새들처럼
> 주홍빛 노을지는 그 하늘에서 / 황홀한 군무를 즐기고 싶다

겨울 눈바람을 맞으며
「간월암 가는 길」을 읊조리다

간월도는 원래 천수만에 떠 있던 작은 섬이었는데 간척 공사로 방조 둑이 생기면서부터 뭍에 나붙은 작은 땅끝이 되었다. 이 간월도 끝에 자리잡은 간월암은 여전히 섬 아닌 섬이다. 6시간마다 하루 두 차례씩 밀물이 지면 섬이 되고, 썰물이 지면 뭍이 되는 두 얼굴의 명승지다.

그해 겨울, 스산한 도심의 잿빛이 싫어 차가운 바람을 맞으며 이 갯가를 찾아들었다. 지금도 마찬가지지만 굴을 한창 따내는 10월부터 이듬해 5월까지 간월도사람들의 손은 놀래야 놀 수 없다. 이 무렵이면, 거동 불편한 노인과 어린아이들만 남아 집을 지키고, 섬마을에는 물 빠진 갯가에서 "딸그락 딸그락" 굴 따는 소리만 갯바람을 타고 들려온다. 활시위처럼 팽팽한 겨울 눈바람을 장단 삼아 그해 겨울의 졸시 「간월암 가는 길」을 노래처럼 나직하게 읊조려본다.

썰물 때 기다려
서해 간월암 건너가는 길
눈발 흩날리는 갯가에서
어리굴 따는 노파
굽은 등허리로
푸른 녹 쓴 풍경風磬소리
천형天刑처럼 떨어지는데
먼바다 날아온 쇠기러기떼
겨울바다
다시 날아오른다.

간월암은 조선 초기 무학대사가 수행정진하다가 천수만에 쏟아지는 달빛을 보고 깨달음을 얻었다는 바로 그 암자다. 간월도에서 간월암으로 이어지는 돌계단은 최인호의 소설 『길 없는 길』에서도 나오듯이 물이 들면 사라지고, 물이 나면 나타나는 바다 속 통로다. 이 길을 따라 걸으며 바라보는 서해 풍광은 겨울 여정의 색다른 운치다. 돌담 너머로 탁 트인 바다가 시원스럽고, 이따금 무리지어 돌아오는 새들의 날갯짓이 실루엣으로 어리는 간월암의 해넘이는 한 폭의 그림이다.

간월도의 명물은 여전히 어리굴젓이다. 이곳에서 수행하던 무학대사

가 태조 이성계에게 어리굴젓을 보낸 것이 계기가 되어 이후 궁중의 진
상품이 되었다고 한다. 이 섬사람들은 해마다 정월 대보름날이면 만조
때에 '굴 부르기 군왕제'를 펼친다.

> 황해바다 석화야! 석화야!
> 물결 타고 달빛 따라 / 간월도로 모여라
> 황해바다 석화야! 석화야!
> 이 굴밥 먹으러 / 물결 타고 모여라
> 황해바다 석화야! 석화야!
> 이 굴밥 먹으러 / 간월도 달빛 따라 모두 모여라….

섬 한 가운데에는 간월도의 표상으로 '어리굴젓 기념탑'이 세워져 있
다. 간월도의 굴 따는 아낙네들을 형상화한 조형물이다. 이곳에서는 하
루 두 차례 썰물이 질 때마다, 직접 갯가에 들어가 굴도 딸 수 있어 체
험여행의 잔재미를 즐길 수 있다.

최근 이 섬사람들은 '간월도 어리굴젓'에다가 두 가지 겨울 별미를
더 선보이고 있다. '굴밥'과 '새조개 요리'다. 특히 새조개로 요리한
'새조개 샤브샤브'는 간월도 겨울 여정에서 빼놓을 수 없는 별미다. 대
파를 숭덩숭덩 썰어 띄운 끓는 물에 살짝 데쳐 매콤한 간장에 찍어 먹
을 때의 아삭아삭 씹히는 감칠맛이 그만이다.

범접할 수 없는 지존의 권위 대신 너무나 인간적인 미소를 지닌 마애불의 표정은 아주 편안한 느낌이다. 이 천년의 미소 앞에서 문득 세속에 두고 온 희노애락의 찌꺼기가 모두 부질없다는 생각이 든다.

세심동 개심사에서 마음을 씻고
마애삼존불의 미소를 뵙다

개심사와 마애삼존불

충청도 서해로 나가 서 있는 뭍의 끝머리인 서산은 들도 아니고 산도 아닌 비산비야非山非野의 고장이다. 그 가운데 가야산이 훤칠하게 솟아 있는데, 그 품안에 아담하고 아름다운 절 개심사開心寺가 안겨 있다.

해미읍성을 끼고 오른편 길로 조금 가면 개심사 들목이다. 그 들목에서 절에 이르는 길은 훤칠한 솔숲의 기품이 넘친다.

절집으로 오르는 돌계단 입구에 ‘洗心洞’(세심동) ‘開心寺’(개심사)라고 적힌 두 개의 돌표지 앞에서 문득 걸음이 멎는다. “마음을 닦는 곳, 마음을 여는 절이라….” 그렇다면 이 오름길에서 청아한 솔냄새로 마음의 한점 티끌조차 맑게 씻겨야 할 터이다. 얼마간 올랐는가, 계단길이 끝난 곳에 고즈넉한 연못이 다시 발길을 붙든다. 절로 들려면 나무를 깎아 연못을 가로질러 걸쳐놓은 피안교를 건너야 한다. 연못가에는 큼직한 백일홍나무(배롱나무)가 가지를 늘이고 서 있다. 지난 여름 뜨거운 햇볕을 살라먹고 몽울진 진분홍 꽃은 석달 열흘 얼마나 간절한 그리움을 토해냈을 건가? 그 꽃잎 동동 뜬 물위의 풍경은 또 얼마나 고왔을 터이고.

껍질을 벗은 채 매끈하게 빠진 이 배롱나무의 몸통을 볼 때마다 나는 관능미를 상상한다. 그러나 그런 잡념일랑 일체 이 연못에 버리고 순백의 마음으로 이 다리를 건너야 마음이 열리는 절 ‘개심사’로 들 수 있을 터이다.

개심사는 옹이자국이 그대로 남아있는 나무기둥으로 지은 소담한 절집이다. 부지런한 빗질이 티조차 쓸어낸 경내는 적요하기만 하다. “국보가 몇 점씩 된다”는 거창한 자랑은 없어도 이 작은 절간 안의 모든 건축물은 자연 그대로의 곡선을 잘 살린 소박한 아름다움으로 빛난다. 특히 대웅전 옆에 단아하게 자리잡은 심검당尋劍堂의 곡선미는 이 절집만의 자랑이다. 자연석 위에 올려놓은 나무기둥은 다듬지 않아 배가 부르고 휘어진 자연 그대로다. 부엌으로 드는 문지방도 원래의 나무 생김 그대로 휘어져 흐르고 있다. 부드러움과 여유로움이 그윽한 선율처럼 흐르는 이 절집의 아름다움을 눈에 담은 여행객이라면 어디를 가든 참 아름다움을 가려낼 안목 하나는 가졌지 않나 싶다.

개심사에서 마음을 씻고 나와 서산 운산면 용현리(속칭 '강댕이골')
로 건너가면, 인자하게 미소짓고 계신 마애삼존불을 뵐 수 있다. 태안
반도는 중국의 불교문화가 백제의 수도 부여로 전파된 길목이다. 이런
지정학적인 자리에서 마애삼존불은 먼길을 오고가는 이들의 안녕을 빌
어주었을 터이다. 백제 말기의 작품으로 추정되는 본존불인 여래입상
이 가운데에 서 계시고, 그 양편으론 반가사유상과 보살입상이 협시불
로 서 계신다.

그런데 누가 이 외딴 산중에 찾아들어 '천년의 미소'를 피워 놓은 것
일까? 너그럽고 해맑은 여래입상의 미소를 사람들은 언제부턴가 '백제
의 미소'로 불러오고 있다. 두 분의 협시불도 친근감이 넘치는 미소를
짓고 있다. 손가락으로 귀여운 볼우물을 파면서 남모르는 우스운 일을
떠올리며 실실 웃는 익살스러운 표정은 금방이라도 암벽에서 튀어나와
여행객들과 함께 어울려 놀 것 같다.

범접할 수 없는 지존의 권위 대신 너무나 인간적인 미소를 지닌 마애
불의 표정은 아주 편안한 느낌이다. 이 천년의 미소 앞에서 문득 세속
에 두고 온 희노애락의 찌꺼기가 모두 부질없다는 생각이 든다.

"마음을 닦는 곳, 마음을 여는
절이라…" 그렇다면 이 오름길
에서 청아한 솔냄새로 마음의 한
점 티끌조차 맑게 씻겨야 할 터
이다.

특히 대웅전 옆에 단아하게 자리
잡은 심검당尋劍堂의 곡선미는
이 절집만의 자랑이다. 자연석
위에 올려놓은 나무기둥은 다듬
지 않아 배가 부르고 휘어진 자
연 그대로다.

몇 해 전, 유럽 여행길에 들렀던 프랑스의 루브르 박물관이나 영국의
대영박물관에서 나는 내내 정신적으로 고통스러웠다. 약소국을 짓밟던
제국주의 시절에 함부로 약탈해온 문화재로 돈벌이를 하는 주제에 선
진국입네 하는 꼬락서니가 눈꼴시렸다. 혼잡스런 관광객들 틈을 비집
고 어렵사리 훔쳐보았던 모나
리자의 어정쩡한 미소 앞에선
또 얼마나 실망했던가.

그에 비하면 '백제의 미소'
는 가히 '세계의 미소'로 불
려도 손색이 없지 싶다. 마애
삼존불의 해탈한 미소를 본
사람이라면 나를 '편협한 국
수주의자'로 오해하지는 않
을 것이다.

범종각의 기둥도 구부러진 자연
그대로의 나무를 사용했다.

차라리 눈사람이 되다

눈시린 설국 태백에서

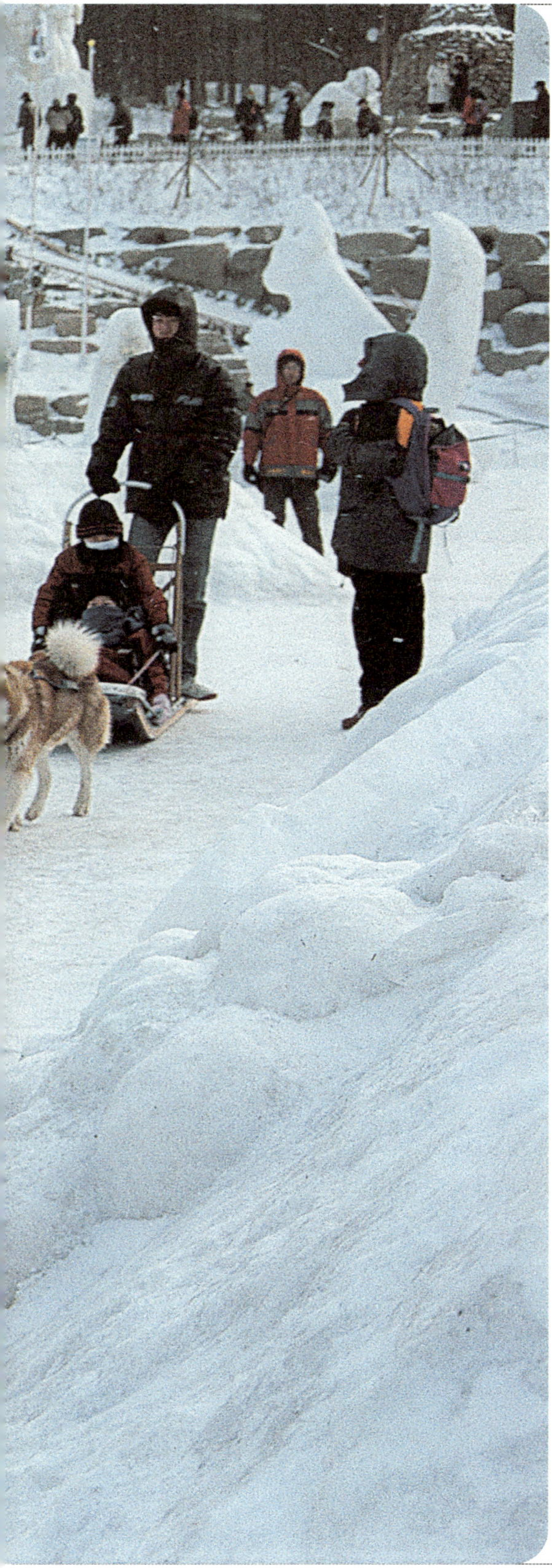

온 천지간에 눈 내리는 날,

환상선 눈꽃기차를 타고

태백산 눈꽃 잔치 마당에 들어

눈사람이 되어 놀다.

가는 길(서울 기점) | '환상선 태백산 눈꽃기차 여행 패키지'는 대개 1월에서 2월말까지 운행 | 철도청 고객센터(지역번호 없이 전국동일)1544-7788, 홈페이지 www.korail.go.kr 또는 홍익여행사(02-717-1002), 중부권 여행자들은 대전에서 출발하는 대전홍익관광여행사(042-221-5585)에 문의, 사전 예약은 필수

맛집 | 신토불이식당(033-552-7075)의 산채비빔밥과 황기백숙 | 농원실비(033-552-0999)의 거세한 한우구이 | 고려뚝배기(033-552-2440)의 콩나물해장국

머물 집 | 태백산민박촌(033-553-7160) | 스카이호텔(033-552-9977) | 알프스장(033-552-2620)

주변 명소 | 황지연못 | 검룡소(한강의 발원지) | 구문소 | 용연동굴 | 강원랜드 카지노

여행정보 안내 | 태백시청 관광문화과(033-550-2085, www.taebaek.go.kr) | 태백산눈꽃축제위원회(033-553-2081) | 태백산 도립공원 관리사무소(033-553-5647)

눈이 내리면 우리는 '환상선 눈꽃기차'를 탄다

환상선 눈꽃기차

하늘마저 낮은 잿빛 겨울날은 시인이 아니라도 누구나 소담스런 함박눈을 기다리게 마련이다. 그 기다림에 보답이라도 하듯 꼬박 이틀을 넘어 내린 눈이 수북이 쌓여가고 있다. 손꼽아 벼르던 눈꽃여행을 떠나기에 더없이 좋은 날이다.

아다모가 부른 샹송 「눈이 내리네」를 흥얼거리며 태백 준령 눈밭으로 떠나는 환상선 열차에 오른다. 여행 가방에는 이와이 순지의 『러브

레터』, 아사다 지로의 『철도원』, 보리스 파스테르나크의 『닥터 지바고』를 챙겨넣었다.

이 소설들을 원작으로 삼은 영화 속 배경들도 모두 순백의 설원雪原이다. 그 설경 속의 사랑과 낭만 그리고 삶의 시정詩情이 그리운 여정의 첫머리다. 하얀 눈밭 위를 달리는 열차 안에서 나는 그 주인공들에게 이메일을 쓰고 있다. 물론 작품 속의 주인공들은 내 메일을 받아볼 수 없겠지만 이 열차가 목적지에 닿을 즈음이면 감수성 깊은 나의 옛 지인知人들은 이 뜬금없는 메일을 받아보고 미소 한 모금쯤 답장으로 보내올 터이다.

첫눈 내리는 밤, 히로코에게

"후지이 이츠키님, 잘 지내시나요? 저는 잘 지낸답니다. 와타나베 히로코." 히로코, 그대의 『러브 레터』는 이 절제된 짧은 인사로 시작되었지요. 그대가 세상을 떠난 연인에게 보내는 러브 레터에는 새하얀 눈밭처럼 가슴 적시는 사랑의 추억이 순백의 매혹으로 흩날리고 있었지요. 오늘처럼 첫눈 내리는 밤이면 그대의 간절한 사랑이 눈처럼 쌓이는 『러브 레터』를 읽느라 잠들지 못할 겁니다. 홋카이도의 폭설 속에 망연히 서 있는 히로코, 그대의 담담한 독백을 눈 내리는 겨울 열차에서 다시 받아 되뇌이며, 내가 대신 그대의 연인이 되는 꿈을 꿉니다.

폭설이 내리는 밤에 라라를 그리며

온통 하얗게 뒤덮인 끝없는 설원을 몇날 몇밤이고 달릴 시베리아 횡단열차에서 나는 유리 지바고가 되어 그대 라라와의 못다 나눈 슬픈 사랑을 돌이키며 눈물 대신 지독하게 독한 보드카 한 모금을 넘깁니다. 흰눈을 이고 백야를 달리는 자작나무숲을 바라보며 그대 떠난 텅 빈 설원에 그대를 위해 「해후」를 지어 바칩니다.

… 너의 유순한 모습은

지워 버릴 수 없고

세상이 아무리 잔인해도

이름도 낯선 간이역들을 숱하게 지난 열차는 "하늘도 세 평, 땅도 세 평, 마당도 세 평"이라는 경북 승부역에 눈꽃 여행객들을 풀어놓는다.

난 아랑곳하지 않는다

그러므로 눈 속에 이 밤이
아무리 겹쳐도
너와 나 사이를 가르는
경계선은 그을 수가 없구나

하지만 우리는 누구이며 어디서 왔는가
이 모든 세월이 흘러가고
우리들이 세상에 없을 때
소문만이 남는다면?

(작중에서 유리 지바고가 지은 시)

나는 '얼음궁전'에서 나눴던 그대와의 짧은 행복을 가슴 아리도록 그리워하며 이제 그만 책을 덮고 이쯤에서 다시 태백으로 들어가는 여행객으로 돌아가렵니다.

기적소리와 함께 설원을 달리는 '철도원'에게

'하루 세 번밖에 운행되지 않는 호로마이 행의 마지막 열차'는 지금 한창 기적을 울리며 설원을 달리고 있습니다. "오토마츠, 잘 봐두시게.

나랑 자네랑, 이 고철과 함께 가세." "진짜 눈물 나게 하실 참이에요, 아저씨?"(기관사는 조수석에 선 채 콧물을 훌쩍였다. 세상이 어떻게 변하든 우리는 철도원이다. 칙칙폭폭 푸우, 미련한 쇳소리를 내지르며 강철팔뚝을 흔들며 꿋꿋이 달리는 철도원이다. 인간처럼 눈물 따위는 흘릴 수 없지, 암. 센지는 입술을 깨물었다.) 그림처럼 펼쳐지는 원시의 눈밭을 헤치며 펼쳐지는 철도원의 미더운 삶이 우리네 삶의 여정에도 옮겨와 보석처럼 빛나기를 바랍니다.

얼마를 더 달리면, 이 열차는 잠시 지친 숨을 고르기 위해 승부역에다 눈꽃 여행객들을 내려놓을 것입니다. 그때 이 기차머리에서 수고하는 철도원을 찾아가 따끈하게 데운 캔커피 하나를 건넬까 합니다.

눈밭을 달리는 태백행 환상선 눈꽃기차

눈꽃열차는 중앙선을 타고 내려가다가 영주역에서 영동선으로, 다시 백산역에서 태백선을 타고 왼편으로 꺾어들어 태백 준령 속으로 기어

여행객들은 마을 앞으로 흐르는 낙동강 상류와 어우러진 눈부신 설경 속을 소요하다가 다시 열차에 오른다.

드는 환상노선을 탄다. 카페형 스넥 열차의 의자는 차창 밖을 완상하며 여행을 즐기게 되어 있다. 흰눈이 펄펄 날리는 차창 밖은 이미 천지를 구분할 수 없도록 온통 하얗다.

영주를 지난 열차는 영동선으로 접어들면서 인적 드문 오지를 달리기 시작한다. 지난 여름 고랭지 채소가 푸르렀을 산비탈 그리고 푸른 솔밭과 자작나무숲도 지금은 온통 흰눈에 덮이고 새들조차 자취도 없이 적막하다.

이름도 낯선 간이역들을 숱하게 지난 열차는 "하늘도 세 평, 땅도 세 평, 마당도 세 평"이라는 경북 승부역에 눈꽃 여행객들을 풀어놓는다. 승부는 열차가 아니면 접근조차 어려운 외딴 마을이다. 여행객들은 마을 앞으로 흐르는 낙동강 상류와 어우러진 눈부신 설경 속을 소요하다가 다시 열차에 오른다. 힘차게 기적을 울리기 시작한 열차는 백석역에서 왼쪽으로 꺾어들어 태백선을 달린다.

태백선에는 수십 개의 터널이 있는데 그 가운데 죽령을 넘는 똬리굴은 아주 독특한 구조다. 터널 속에서 똬리를 틀 듯이 돌아나오게 되면서 입구와 출구가 위 아래로 나란히 놓여 있어 들어갈 때 보았던 설경을 나오면서 다시 볼 수 있다. 마치 시간을 거꾸로 되돌린 듯한 느낌이다.

함박눈이 하얗게, 오염된 세월을 덮으면
순백의 눈밭 위로 새로운 세상이 열린다
청량리에서 영주, 백산을 에돌아 태백까지
팔백 리 눈길을 헤치며 달리는 환상선 기차
이름도 낯선 간이역 외딴 마을 설경을 지나며
눈시린 설국에서 눈사람이 되는 꿈을 꾼다

갖가지 기기묘묘한 눈조각 작품 사이를 가로질러 형형색색의 불빛이 휘황찬란한 눈 터널을 지나노라면
우리는 끝없는 설원을 달리는 영화 속의 개썰매도 타볼 수 있다.

눈의 나라 태백에서
눈꽃잔치를 즐기다

마침내 종착역인 태백이다. 한때 '검은 진주' 로 불리며 잘나갔던 석탄
으로 인해 이곳 태백은 활기가 넘쳤다. 그러나 석유와 천연가스에 밀려
석탄산업이 쇠퇴하면서 태백도 적막한 도시가 되었다. 그리고 활기에
넘쳤던 옛 추억을 지금은 고스란이 '태백석탄박물관' 에 담아두고 있다.
새로운 것이 밀려들면 옛것은 밀려나면서 역사는 이렇게 쓸쓸한 풍경
을 남긴다. 그리고 세월이 더 흐르면 사라져간 옛것은 그리움으로 다시
살아난다.

　바로 박물관 아래의 당골광장은 태백눈꽃축제의 본마당이다. 겨울
태백에 실제의 1/3 크기로 세워진 '얼음 그리스 신전' 을 지나면 환상적
인 눈세상이 마법처럼 펼쳐진다. 먼저 눈길을 사로잡는 축제마당은 국
제 눈조각 초청 작품 전시장이다. 세계 초일류 스노우 아티스트들과의
색다른 만남은 눈꽃 기행의 흥을 한층 돋워준다. 눈의 나라 핀란드를
비롯하여 캐나다, 일본 등에서 온 세계적인 눈 조각가들이 솜씨를 발휘

먼저 눈길을 사로잡는 축제마당
은 국제 눈조각 초청 작품 전시
장이다.

한 눈 예술작품 감상길은 환상적이다. 그런가하면 국내 최고의 눈조각 20개 팀, 100여 명의 예술가들이 이 눈꽃세상에 새로운 생명을 창조해 내는 '태백산 눈조각 경연'은 '태초의 세상을 여는' 장관을 연출한다.

등산로 입구의 '눈사람 페스티벌'에서는 전문 눈 조각가가 아니어도 누구나 눈 예술가가 되어 솜씨를 뽐낼 수 있다. 세상의 희한한 눈사람은 모두 여기 모여 있다. 저마다 손수 만든 눈사람과 더불어 추억 만들기에 한창이다. 그리고 아이들은 12미터 규모의 '타이타닉 호' 앞머리에 설치된 얼음미끄럼틀에서 제멋대로 나뒹굴며 은빛 하늘에 천진난만한 웃음을 백학처럼 날리고 있다.

이곳에는 어른 아이 할 것 없이 누구나 맘껏 즐길 수 있는 이벤트가 널려 있다. 상설 무대에서는 눈과 얼음의 천국 북방에서 온 예술인들이 전통 춤과 노래로 여행객들의 흥을 한껏 북돋고 있다. 알래스카에서 초청되어온 12마리의 시베리안 허스키가 끄는 개썰매를 타고 딸랑딸랑 방울소리를 내며 갖가지 기기묘묘한 눈조각 작품 사이를 가로질러 형형색색의 불빛이 휘황찬란한 눈 터널을 지나노라면 우리는 끝없는 설원을 달리는 영화 속의 주인공이 된다.

어릴 적 코를 찡찡거리면서도 그렇게 즐거웠던 겨울빙판놀이도 재미있다. 어른 아이 가릴 것 없이 한데 어울려 앉은뱅이 썰매나 외발 썰매를 지치기에 신명들이 나 있다. 아빠들끼리 얼름 위에서 팽이치기 싸움을 벌이는데, 아이들은 저마다 "우리 아빠, 이겨라!" 함성을 지르며 야단법석이다.

이렇게 한겨울 추위도 잊은 채 이마에 땀이 송글송글 맺히도록 신명을 피우다가 출출해져 오면 구수한 군밤이나 군고구마로 시장기를 달랠 수도 있다. 또 우아하고 신비로운 초대형 얼음집 이글루 카페에서는 사랑하는 사람과 따뜻한 커피 한 잔을 정답게 나눌 수도 있다.

눈길을 걸어올랐다가
오궁썰매를 타고 내려오다

당골광장의 눈꽃잔치도 신명나지만 천제단까지의 태백산 눈꽃 트래
킹은 '태백산 눈꽃축제' 의 백미이자 빠뜨릴 수 없는 마침표다. 비교적
경사가 완만한 이 눈밭 산행은 아이젠만 차면 아이들과 함께라도 어렵
잖게 즐길 수 있다.

눈꽃 트래킹에 나선 사람들은 대개 당골~반재~망경사~단종비각
~천제단 코스(2시간 30분 소요)로 천제단에 오른 뒤, 다시 당골로 되
짚어오는 코스(2시간)를 즐긴다. 그런데 나는 북쪽의 유일사 매표소를

들머리로 하여 유일사~장군봉~천제단(1시간 30분 소요)의 최단 코스를 선택했다. 이 길에서는 장군봉 일원의 상고대 주목과 어우러진 환상적인 설경을 즐길 수 있다.

유일사에서 장군봉에 이르는 하얀 능선에 오르면 "살아 천년, 죽어 천년을 지낸다"는 주목이 무리 지어 하얗게 눈을 둘러쓴 채 장관을 이루고 있다. '한밝뫼'로도 불리는 태백산 천제단은 해마다 개천절에 환인천제·환웅천왕·단군왕검의 삼신일체인 '한배검'을 향해 제사를 올리는 한민족의 영지다. 천제단 바로 아래엔 "죽어 태백산신이 되었다"는 단종의 비각이 있고, 망경사 우물엔 동해의 용왕신이 머물고 있으며, 동녘의 문수봉 자락에도 수많은 신들이 깃들어 있으니 이 산녘은 가히 '신들의 나라'다.

눈 덮인 겨울산은 오르기보다 내려오기가 더욱 힘들다. 그러나 이곳 태백산 정상에서는 그런 걱정을 할 필요가 없다. 등산로 초입에서 오궁썰매를 빌려주고 있기 때문이다. 이 썰매를 타고 내려가는 산길은 더없이 신바람나는 길이다. 태백산 하산길에서만 타볼 수 있는 이 특이한 눈썰매는 누구나 손쉽게 즐길 수 있다. 아이젠을 단단히 붙들어매고 오궁썰매를 착용한 후 평평한 눈바닥에서 지지대를 양 겨드랑이 사이에 끼우면서 앉은 다음 엉덩이가 썰매날의 뒷면에 자리하도록 썰매와 멜빵끈을 조절한다. 그리고 상체를 지지대에 의지하여 뒤로 약간 누운 듯하면서 두 다리를 구부려 약간 들고 지지대를 밀면 썰매가 매끄럽게 미끄러져 내린다. 망경사에서 출발하는 '환웅 코스'와 '단군 코스', 그리고 반재쉼터에서 당골광장까지의 '배달 코스'를 미끄러져내리면서 지르는 환호성이 온 산에 메아리진다. 이처럼 여정의 마지막 순간까지도 신명을 더해주는 태백의 눈꽃 축제는 잊을 수 없는 추억이다.

썰매를 타고 내려가는 산길은 더없이 신바람나는 길이다. 태백산 하산길에서만 타볼 수 있는 이 특이한 눈썰매는 누구나 손쉽게 즐길 수 있다.

싱그러움에 물들다

가족과 함께 떠나는 행복한 테마기행

죽향정 아한 대숲 바람에
세속의 번잡을 날려보낸다

오월의 담양 대숲에서

중천에 해 들도록 노니다가

메타세쿼이어 터널에서

'꿈의 드라이브'를 즐긴 다음

소쇄원의 아취와

가사문학의 풍류를 더듬다.

가는 길(서울 기점) | 호남고속도로⇨백양사 나들목⇨1번 국도⇨15번 지방도로⇨담양

맛집 | 민속의집(061-381-2515)의 죽순회와 죽순육회 | 한상근 대나무통밥집(061-382-1999)의 대통밥과 대나무 죽계탕 | 전통식당(061-382-3111)의 죽순요리와 한정식 | 신식당(061-382-9901)의 떡갈비

주변 명소 | 화순온천, 금정산성

머물 집 | 파레스호텔(061-381-6363) | 그린파크(061-383-2020)

여행정보 안내 | 담양군청 문화레저관광과(061-380-3223, www.damyang.jeonnam.kr) | 한국대나무박물관(061-381-4111) | 대나무골 야영장(061-383-9291) | 가사문학관(061-383-3253)

대숲바람에 머리를 씻기며
까슬한 죽물의 감촉을 즐기다

"마을이 있는 곳엔 대숲이 있고, 대숲이 있는 곳엔 마을이 있다"는 담양 땅은 예로부터 죽향竹鄕으로 불려오고 있다. 여염집의 나지막한 흙담 안에서 대나무들은 숲을 이루고 있다.

담양의 대숲 마을을 지나노라면 그리운 작가가 있다. 세심한 통찰로 대숲의 느낌과 정감을 더없이 잘 살려낸 작가 최명희의 예술혼이 그리운 길이다. 그는 『혼불』 가운데서 '대숲에 이는 바람소리'를 절묘하게 그려놓고 있다— "대실의 사람들은 태어나면서부터 이 대숲에서 일고 있는 바람에 귀가 젖어, 그 소리만으로도 … 그것들이 하고 있는 이야기와 몸짓까지라도 얼마든지 눈치챌 수 있기도 하였다. 그저 저희끼리 손을 비비며 놀고 있는 자잘하고 맑은 소리, 강 건너 강골 이씨네가 살고 있는 마을에서 이 쪽 대실로 마실 나온 바람이 잠시 머무르는 소리, 어디 먼 타지에서 불어 와 그대로 지나가는 낯선 소리, 그러다가도 허리가 휘어질 만큼 성이 나서 잎사귀 낱낱의 푸른 날을 번뜩이며 몸을 솟구치는 소리, 그런가 하면 아무 뜻 없이 심심하여 제 이파리나 흔들어 보는 소리, 그리고 달도 없는 깊은 밤 제 몸 속의 적막을 퉁소 삼아 불어 내는 한숨 소리, 그 소리에 섞여 별의 무리가 우수수 대밭에 떨어지는 소리라도 얼마든지 들어 낼 수가 있었다"

봄햇살도 대숲에 이르면 풀빛 바람으로 스며들고 대롱을 타고 흐르는 샘물은 목마른 길손들을 기다린다.

먼저 찾은 곳은 대나무의 모든 것을 알 수 있다는 한국죽물박물관―세계에서 하나밖에 없는 대나무 테마 박물관이다.

하늘을 향해 쭉쭉 뻗는 기상과 부러지지 않는 모습에서 선비의 굳고 곧은 처신을, 깨끗하게 속을 비운 모습에서 탐욕하지 않는 청빈의 덕을, 마디가 분명한 대쪽에서 서슬 퍼런 절개를, 늘푸른 모습에서 일편단심을 엿볼 수 있다. 그래서 대나무는 고결한 인품을 지닌 선비 정신의 상징으로 손색이 없었던 터이다.

죽물 전시실에는 예전에 생산된 죽제품과 이를 만들던 도구들이 전시되어 있고, 죽물 생활실에는 실생활에서 이용되고 있는 죽제품을 전시해 놓고 있다. 죽부인을 비롯하여 부채, 찻상 등 다양한 죽제품을 구경하면서 예전의 영화를 가늠해본다(죽세 산업이 번성할 무렵에는 개성 다음으로 많은 재화가 쌓였던 곳이 바로 담양이다). 그러나 요즘에는 싸고 질긴 다른 제품에 밀려 한창 때의 영화는 영영 추억으로 돌려야 할 듯싶다.

죽부인 앞에서 이규보의 「죽부인」을 읊조리면서 대나무 사랑을 읊어본다―“ … / 내가 어깨와 다리를 안온하게 괴고 있으면 / 내 이불 속으로 정답게 들어오네 / … / 다행히 사랑을 독차지하는 몸은 되었네 / … / 조용한 것이 가장 내 마음에 드니 / 어찌 아름다운 서시가 필요하랴.”

죽세공예전수관에 들면 기발한 아이디어가 돋보이는 작품들이 발길을 붙든다. 외국의 다양한 죽제품들도 함께 전시되어 있어 대나무와 함께해온 인류의 삶을 더듬는 재미가 쏠쏠하다. 특히 팔랑개비, 단소 등을 직접 만들어 돌려보고 불어보는 죽제품 제작 체험 교실은 아이들에게는 더없이 신기하고 신명난 체험 여정이 되고 있다. 개울이 흐르는 야외 죽종장은 맹종죽, 왕대, 솜대 등 60여 품종의 대나무를 한눈에 볼 수 있는 곳이다. 죽마타기, 흔들다리 등 대나무로 만든 놀이기구를 보듬고 맘껏 뒹구는 아이들의 신바람난 웃음소리에 오월의 햇살이 더욱 싱그럽게 빛난다.

죽세가공업도 사양길로 접어들어 이제는 살림에 별 보탬이 되지도 못하지만 이곳 담양사람들은 해마다 오월이면 이틀(대개 9~10일)에

걸쳐 '죽향축제'를 열어오고 있다. 잔치가 열리면 저마다 죽세공예 재
주를 자랑하고, 대나무에 얽힌 이야기 보따리도 아낌없이 풀어놓는다.
오랜 세월 대나무와 더불어 삶의 애환을 나눠온 사람들의 대나무 사랑
을 체험할 수 있는 잔치 마당이다.

　담양에서 가장 아름다운 대숲을 보려는 사람들은 금성면 봉서리의
대나무골 테마 공원을 찾는다. 그곳으로 가는 길을 물으니 반갑게 웃으
며 남도 사투리를 쏟아놓는다. "대나무골을 가시것다고요? 참말로 좋
은디지라우. 긍께, 요아피 메타세쿼야 가로수 길을 살살 구경하심서 츤
츤이 가시다가 좌회전, 글고나서 쪼개 더 가보시라요~잉. 귀경 잘 하
시구요." 남도 여행길에서 길을 묻는 것은 늘 유쾌한 일이다. 남도 사람
들은 언제나 이웃처럼 친절하다.

> 담양의 오월은 죽향竹香으로 가득하다
> 푸른 대숲길에 세속의 땟국을 우려내고
> 한적한 정자에 올라 청량한 바람을 맞으며
> 고인들의 문향에 젖어 청사靑史를 듣는다
> 또 죽순회에 댓잎술 한 잔은 어떠한가

끝없이 이어지는 연초록 가로수 터널을 지나노라면 마치 동화 속으로 빨려 들어가는 것 같은 기분이다.
이 길은 철마다 옷을 바꿔입어가며 색다른 운치를 자아낸다. 너무 아름다워 가도가도 아쉬움이 남는 길이다.

메타세쿼이어 터널길

동화 속의 초록 터널 길을 지나
대나무골로 빠져들다

담양에서 순창으로 이어지는 24번 국도는, 수천 그루의 메타세콰이어 터널 속에 갇혀 있는 '꿈의 드라이브' 코스다. 끝없이 이어지는 연초록 가로수 터널을 지나노라면 마치 동화 속으로 빨려들어가는 것 같은 기분이 든다. 40여 리에 걸쳐 환상적인 풍광을 자아내는 이 길은 과연 '나라 안에서 가장 아름다운 숲길'(산림청 지정)로 선정될 만하다.

이 길은 철마다 옷을 바꿔입어가며 색다른 운치를 자아낸다. 녹음 짙은 여름에는 이 길 안으로 들어서자마자 한순간에 불볕더위가 사라지고 선선해진다. 가을에는 황금빛 꽃비로 날리는 낙엽이 장관이다. 겨울에는 가지만 남기고 서 있는 나무들이 눈 덮인 들판에 길을 그려준다. 그리고 새봄에는 다시 연초록 빛으로 신선한 생명력을 선사한다.

처음 와봤지만 어디선가 본 듯한 길이다. 아, 그렇구나. 영화 「와니와 준하」에서 와니(김희선 분)가 아빠와 함께 승용차를 타고 지나가는 바로 그 길이다. 이 길이 자아내는 매혹에 취한 나는, 그 영화 속의 OST를 틀어놓고 다시 차를 돌려 두 차례나 왕복하고나서야 겨우 아쉬움을 달랬다. 너무 아름다워 가도가도 아쉬움이 남는 길이다.

메타세콰이어 가로수 길 끝머리쯤에서 왼쪽으로 꺾어 조금 들어가니 대나무골 테마 공원이 길을 끊고 여행객을 맞이한다. 이곳은 사진작가 신복진 씨가 20여 년을 공들여 가꾼 아주 훌륭한 대나무숲 쉼터다.

죽림욕장 입구에서 대숲에 들기 전에 죽로천 샘물 한 조롱박을 비운다. 푸른 대숲을 거쳐 솟아나온 샘물은 몇 개의 돌독을 졸졸 거치면서 더욱 운치 있는 물맛을 낸다. 그 옆에는 조선 항아리가 올망졸망 놓여 있어 옛 고향집에 깃든 기분이다.

하늘을 찌를 듯한 대나무가 빽빽한 죽림욕 산책길을 소요하노라니 간밤에 내린 비로 대밭 속은 그야말로 우후죽순雨後竹筍이다. "또 다른 세상을 만날 땐 잠시 꺼두서도 좋습니다"란 대화로 잔잔한 감동을 안겨주었던 CF의 배경이 된 대숲도 바로 이곳이다. 은은한 죽향이 온몸을 감싸온다. 참으로 청정한 기운이다. 발을 들여놓을 수 없을 정도로 빽빽하게 들어선 맹종죽과 왕죽, 조릿대들이 서로 잎을 부비며 "쏴아아아~ 쓰아악~" 연주해내는 소리는 영락없이 청량한 파도소리다.

대나무들 아래에는 대이슬을 먹고 자란 야생차밭이 연초록으로 깔려 있다. 대나무와 벗하여 노닐던 고산 윤선도의 시가 절로 새어나온다.

나무도 아닌 것이 풀도 아닌 것이
곧기는 뉘시기며 속은 어이 비었는가
저렇고 사시四時에 푸르니 그를 좋아하노라

곳곳이 뛰어난 풍치를 자랑하는 대나무골 야영장도 영화 「흑수선」 「청풍명월」의 촬영장으로 영화팬들에게는 낯익은 곳이다. 「흑수선」에서 오형사(이정재 분)가 범인을 맹렬히 추격하는 장면은 바로 이곳을 배경으로 촬영되었다.

죽향竹香으로 그득한 담양 여정에서 죽순요리는 빼놓을 수 없는 별미다. 그 옛날, 담양에서 죽순요리 맛에 흠뻑 빠졌던 평양감사가 한겨울에 죽순을 구해오라고 아전들에게 성화를 부렸다. 그러자 아전들은

이 길은 철마다 옷을 바꿔입어가며 색다른 운치를 자아낸다. 녹음 짙은 여름에는 이 길 안으로 들어서자마자 한순간에 불볕더위가 사라지고 선선해진다.

"죽순이 없으면 대바구니라도…" 달라고 하여 그만 대바구니를 삶아 올렸다는 웃지 못할 이야기가 전해 올 정도로 죽순의 부드럽고 순후한 맛은 묘미다.

죽순의 싱그러움을 온전히 맛보려면 '죽순회' 가 제격이다. 싱싱한 죽순이 입안에서 '아삭!' 하고 씹히는 순간 땅의 기운이 그대로 전해온다. 대나무통 속에 오곡을 넣어 밥을 지어낸 대통밥도 입맛 잃은 봄철의 식욕을 되살리는 별미다. 여기에 댓잎술을 한잔 곁들이면 금상첨화다. "죽순 먹는 봄을 기다리는 재미로 산다" 는 담양 사람들의 말뜻을 이제야 알 듯하다.

이렇게 신명나게 보내다보니 어느덧 해가 서산에 기울고 담양호는 노을로 붉게 물들어가고 있다. 호수를 향해 가지를 늘이고 선 배롱나무에는 백일홍이 마지막 정염을 사르는 해보다 더 붉다.

유서깊은 가사문학 산실에 잠겼다가 소쇄원에 들다

    담양은 조선 중기의 선비들이 나라를 걱정하고 가사문학을 꽃피웠던 곳이다. 한편, 조정에 당파싸움과 사화가 휘몰아칠 때마다 현실 정치에 뜻을 잃은 선비들이 내려와 세운 누각과 정자가 60여 채에 이르니 '정자 문화의 1번지'로 불릴 만하다. 화순 방향 887번 지방도로 주변에 서 있는 한적한 정자에 올라 대숲소리를 들으며 가사문학에 심취해보는 것은 담양 여정의 또다른 멋이다.

　최근 문을 연 가사문학관에는 송순의 『면앙집』, 정철의 『송강집』 등 가사문학 자료와 친필 유묵, 소쇄원도 등 귀중한 유물이 잘 전시되어 있어 예스러운 문향文香을 고스란히 접할 수 있다. 인근의 산허리 솔숲엔 송강 정철이 「성산별곡」을 지었던 식영정이 있다. 성산의 아름다움을 뒤로하고 걸어서 5분 거리마다 환벽당·면옥헌, 그리고 「사미인곡」과 「속미인곡」의 산실인 송강정 등이 자리하고 있어 가사문학의 풍류를 한껏 누릴 수 있다.

　16세기 초 중종 치세에 조광조(1482~1519)는 신진 사림세력을 내세워 부패를 척결하고 일대 정치개혁을 단행하려다가 훈구세력의 반격을 받고(기묘사화) 능주로 유배되어 죽게 된다. 그의 문하생이었던 소쇄옹 양산보(1503~1557)는 입신의 출세를 저버린 채 고향으로 돌아와 자연과 인공이 훌륭히 조화를 이룬 별서정원을 마련하고, 시와 소리를 즐겼으니 그곳이 바로 소쇄원瀟灑園이다.

　대숲의 운치를 벗하며 흙길을 걸어올라 소쇄원에 들면 아담한 동산을 병풍처럼 둘러친 광풍각 앞으로 계곡물이 바위를 적시며 흘러내린다. 문을 다 열어 올리니 '비 갠 뒤 해가 뜨며 부는 청량한 바람의 집'이라는 당호가 걸맞다. 당대의 쟁쟁한 문사文士들이 담론을 일삼던 광풍각光風閣에 올라앉아 계산풍류溪山風流를 흉내내어 본다. 정원을 내려다보기 좋은 곳에 자리한 '비 갠 하늘의 상쾌한 달'이라는 뜻의 제월당霽月堂에 오르니 소쇄원의 풍정이 더욱 빛을 발한다.

　어떤 여행객들은 소쇄원을 그저 휘이 둘러보고 "별거 아니네, 이거 보러 여기까지 온거"라고 발길을 돌리기도 한다. 그러나 이는 소쇄원의 진면목을 모르고 하는 소리다. 소쇄원의 풍취를 제대로 느끼려면 상당한 공부가 필요하다. 소쇄원은 눈으로 보기 전에 그 '맑고 깨끗한 기운'을 마음으로 느껴야 하는 곳이기에…

차밭에서 심신을 우려내다
초록 빛깔 초록 향기 묻어나는

보성다원에서 다향에 취하고

봇재 차밭에서 초록에 취했다가

서편제 한 서린 길을 지나

율포 해수녹차탕에

노곤한 심신을 담그다.

가는 길(서울 기점) | 호남고속도로 동광주나들목(광주외곽순환
고속도로)⇨소태나들목(화순방면29번 국도)⇨화순⇨미력삼거리
(18번 국도)⇨보성읍⇨보성 봇재 일원의 차밭

맛집 | 녹돈촌(061-853-5153)의 녹돈요리 | 행낭횟집(061-852-
8072)의 전어회와 바지락회

머물 집 | 옥섬비취모텔(061-853-2240) | 웅치관광농원(061-
852-6300) | 제암산모텔(061-853-2114) | 곰재가든모텔(061-
852-9800)

주변 명소 | 보성소리전수관 | 제암산 자연휴양림 | 대원사

여행정보 안내 | 보성군청 문화관광과(061-850-5736,
www.jeonnam.kr) | 대한다업의 보성다원(061-852-2593,
www.daehantea.co.kr) | 율포 해수녹차탕(061-850-5566,
www.boseong.jeonnam.kr)

보성다원

입보다 눈이 먼저 감탄하는
보성다원에서 다향에 취하다

보성의 차밭을 촉촉히 적시고 있을 새벽안개가 그리워 적막한 밤을
가르며 내달려왔다. 미명의 호남고속도로 동광주나들목을 빠져나와 보
성땅에 이르는 꼭두새벽길은 직삼각형의 날렵한 나무모양을 싱그럽게
자랑하는 삼나무 가로수가 곡선길 따라 줄지어 지난다. 청아한 녹색 향
연이 시작되는 이 길에서는 문이란 문은 모두, 덧깨 낀 마음의 문까지
활짝 열어둘 일이다.

196

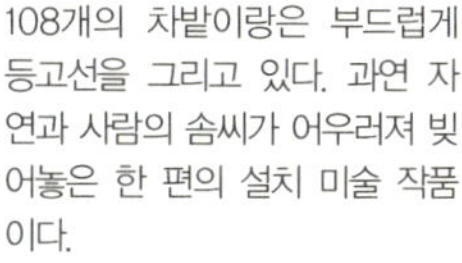

108개의 차밭이랑은 부드럽게 등고선을 그리고 있다. 과연 자연과 사람의 솜씨가 어우러져 빚어놓은 한 편의 설치 미술 작품이다.

봉산리 차밭 가운데 가장 유명한 곳은 대한다업의 보성다원이다. 다원의 들목부터 미끈하게 뻗어오른 삼나무들의 사열을 받으며 드는 삼나무 터널 흙길은 여행객들을 흥분시키기에 충분하다. "숲을 키우는 것은 희망을 키우는 것입니다"—40여 년 전 이곳에 본격적으로 차밭을 일구기 시작하면서부터 심어놓은 삼나무 숲의 향내가 싱그럽다.

이렇게 이어지는 삼나무길은 어디선가 눈에 익은 듯하다. 그랬다, 바랑을 지고 홀로 적적하게 걷고 있는 비구니의 곁을 자전거를 타고 지나던 수녀가 다시 돌아와 그 뒷자리에 비구니를 앉히고 페달을 기운차게 밟고 달리던 그 길이다. 비구니의 애띤 미소와 수녀의 풀잎 같은 해맑은 미소가 참 사이좋아 보인 장면이 인상적이었던 TV 광고 장면이 바로 이 길이었던 것이다.

하늘 가린 숲길의 끝자락 오른편으로 긴 초록 이불처럼 펼쳐진 차밭 능선이 단정하게 머리를 깎고 줄지어 있다. 108개의 차밭 이랑은 부드럽게 등고선을 그리고 있다. 과연 자연과 사람의 솜씨가 어우러져 빚어놓은 한 편의 설치 미술 작품이다.

차밭 산책은 이른 아침이 제격이다. 차밭 이랑 108계단을 오르며 백팔번뇌를 씻어낸다. 아침햇살에 제자리를 고이 접어놓기 시작하는 해

무海霧의 춤사위는 선녀가 펼쳐놓는 초록 무대다. 그래서 이 새벽의 차
밭 산책길은, 다향茶香을 입보다 눈이 먼저 감탄하는 길이 된다.

굽이굽이 초록 비단 깔아 놓은
차밭이랑 사이를 거닌다
초의선사의 「동다송東茶頌」을 떠올리며,
참새 혓바닥을 닮은 새순들을 따내면
햇차향 그윽히 그려지는 다원茶園

초의선사 동다송에서 왈,
찻잎 따는 데 묘妙를 다하고
만드는 데 그 정精을 다하고
물은 진수眞髓를 얻고
끓임에 있어서 중정中正을 얻으면
체體와 신神이 서로 어울려
건실함과 신령함이 어우러진다.

차문화의 보급에 대한 남다른 열정으로 늘 여행객들을 반갑게 맞이
하는 대한다원 주인 장기선 씨는 차문화를 즐길 공간 '녹차방'도 마련
해 놓고 기다린다. 통나무 탁자마다 다기 한 구와 우전차雨前茶가 한
통씩 놓여 있다. 처음으로 햇찻잎을 따내는 곡우 전후에 딴 찻잎으로
덖어낸 최상품의 차다. 사방의 연초록 풍광에 젖은 싱그러운 기氣 덕분
인지 다향은 지극히 그윽하고 마신 뒤의 기분도 지극히 맑다.

활성산 봇재 고갯마루 일원에 맞물린 보성읍 봉산리와 회천면 영천
리의 온 산은 녹색 카페트를 깔아 놓은 듯한 푸른 이랑들이 끝없이 펼
쳐지는 차밭 천지다. 어찌나 넓은지 한눈에 다 들지 않는 다원은 무려
100만여 평에 이르고, 588만여 그루의 차나무가 자라고 있는 나라 안
제일의 차밭이다.

대륙성기후와 해양성기후가 교차하는 이 일원은 아침저녁 나절로 적
당한 안개가 습도를 조절해 주어 차를 재배하기에 안성맞춤이다. 『동
국여지승람』과 『세종실록지리지』에도 차 생산지로 기록되어 있을 만

여름빛 사위고 바람 서늘해지면
희다못해 눈시린 꽃잎 옷고름을 풀고
열린 옷섶 사이로 금빛 꽃술 피워내면
차밭골 가득 그윽한 차꽃 향기
지는 해 바람 따라 재를 넘는다.

큼 차 재배 역사가 오래된 보성은 우리 나라 녹차잎의 4할을 생산하는 주산지다. 해마다 그 은은함과 깊이를 더해가는 햇차잎 수확기인 봄날에 맞춰 '보성다향제茶鄕祭'도 열어오고 있다. 다원 곳곳에서 벌어지는 '햇찻잎 따기' '녹차 장터' 등의 체험 여정이 싱그러운 향과 어우러지면, 세상 일을 까맣게 잊은 여행객들은 문득 신선이 된다.

다향각에 올라서니 산등을 등지고 멀리 산 아래 아스라한 득량만의 빼어난 해안 경관과 어우러지며 차나무의 새순들이 구비구비 햇차향 그윽히 그려놓은 연초록 잔치 마당은, 절로 탄성을 자아내게 한다. 능선마다 해무 속에 마치 초록 비단을 깔아놓은 듯, 수천 마리 등 푸른 용들이 똬리를 틀어나가듯 떼를 이룬 차밭 이랑들이 드넓게 펼쳐져 있다.

보성차밭 일원은 TV 드라마「여름 향기」촬영지로 그 아름다운 풍광을 선보인 바 있다. 드라마가 방영되자 "심장이 먼저 알아보는 운명적인 사랑"을 꿈꾸며 떠나온 사람들의 여행길로 각광받고 있다. 그래서

이곳의 다원들은 가공한 차, 다구, 녹차 음식류 등 차에 관한 다양한 메뉴를 전시해 놓고 있다. 다례 시연도 보여주고 무료 녹차 시음장 코너도 마련해 놓고 있다.

인가, 이 곳을 찾은 젊은 연인들은 「여름 향기」의 주제가인 슈베르트의 '세레나데'를 부르며 지난다.

이곳의 다원들은 가공한 차, 다구, 녹차 음식류 등 차에 관한 다양한 메뉴를 전시해 놓고 있다. 다례 시연도 보여주고 무료 녹차 시음장 코너도 마련해 놓고 있다. 녹차에는 발암 억제 물질인 폴리페놀 성분이 풍부할 뿐 아니라 카테친 성분도 들어 있어 중금속을 체외로 배출시키는 효험이 크다. 이곳의 녹차는 오염 구덩이 속에 파묻혀 사는 우리들에게는 더없이 좋은 영약인 셈이다.

나도 한때 자판기 커피 문화에 익숙해져 다도茶道를 한가한 이들의 사치라고 여긴 적이 있다. 큰 수술로 죽을 고비를 넘기면서 엉망이 되어버린 몸을 추스리기 위해 차를 즐겨 마시기 시작한 지 수년 째에 이르러, 이제는 제법 다향茶香의 묘미를 체득하게 되었다. 눈을 지그시 감은 채 그 쌉싸름한 향을 천천히 음미하다보면 남도의 차밭을 지나는 대숲사위소리, 솔바람소리, 햇찻잎새 촉촉히 적시는 해무海霧가 한 폭의 수묵화처럼 부드럽게 퍼진다. 색·향·미 3요소가 조화를 이루고, 다 마시고 난 뒤에도 이파리가 푸른색 그대로 남아 있는 차가 좋은 차라는 것도 터득했다. 차는 이제 내게 있어 심신을 정하게 우려내고 기氣를 보하는 보약이다.

"춘란이 꽃피우는 햇봄입니다. 벗이여, 어서 오시어 우리 차 한잔의 정 나누지요"라고 약속하는 이메일을 먼 벗들에게 띄워보내는 밤을 만들기 위해서 좋은 차 몇 봉지를 사둔다.

서편제의 길을 지나 율포 해수녹차탕에 심신을 담그다

초록 산자락 솔숲에선 소쩍새가 소쩍소쩍 울어앤다. 저 소쩍새 피울음길은 필연 이 땅에서 대대로 피 토하며 득음해온 소리꾼들의 모진 소리길이 아닐런가. 섬진강 서편에 위치한 보성땅은 광주, 나주, 해남 등과 더불어 서편제의 고향이다. 서편제라는 판소리의 일맥을 개척해낸 강산 박유전(1826~1906) 선생이 강산마을에서 소리꾼 인생 여든 해를 살면서 서편제 소리를 고집스레 지켜내고 완성시킨 곳이 바로 이곳 보성땅이 아니던가.

풍류를 아는 여행객이라면 이 길에서는 영화 「서편제」 속의 음악을 감상할 일이다. 남도땅의 자연과 소리꾼에 대한 따뜻한 눈길, 그리고 우리 고유의 정서인 한을 아름다운 영상으로 담아낸 앵글 속 명장면에 김수철의 영화음악 「소리길」「소릿제 폐가방안」「선창가」 등이 절절히 오버랩되며 흐르는 길이다.

그렇게 산길을 한참 돌아 내달려 보성땅 남녘 끝자락에 이르면 은모래가 드넓게 펼쳐진 율포해수욕장이 한 눈에 들어온다. 너른 백사장과 50여 년간 굵어진 솔숲을 애무해주듯 밀려드는 잔잔한 파도자락이 안온한 해변이다.

청정해역 득량만을 끼고 있는 이 갯마을 한켠에는 보성녹차를 이용한 녹차엑기스와 지하 120미터 암반수 바닷물을 이용한 해수녹차탕이 있다. 찻잎에서 추출한 원액을 푼 연녹색의 대형 욕조에 여정으로 노곤해진 몸을 담근다. 은은히 풍겨나오는 차향에 여독이 말끔하게 풀린다. 전망 좋은 욕탕 창 밖으로 은빛 모래사장과 솔숲 그리고 올망졸망한 섬들이 내다보인다.

온천욕으로 개운해진 몸으로 다시 야트막한 언덕이 이어지는 득량만 해안도로를 따라 돈다. 숨겨진 해안 경관이 아름답게 이어진다. 보성강이 흘러드는 이곳 득량만은 벌교 고막을 살찌우고 있다. 싱싱한 바지락 회와 국물, 바지락비빔밥상에서 맛볼 수 있는 이곳의 바지락은 짭쪼롬하면서도 그 뒷끝 맛이 오래가며 당기는 것이 입맛을 여간 돋우는 게 아니다. 소주에 보성녹차팩 한 봉지를 넣고 우려낸 즉석녹차소주로 반주까지 곁들이면 더없는 진미다.

해 저무는 보성땅을 뒤로하고 다시 거슬러 오르는 발길이 못내 아쉽다. 햇차잎 봉지를 만지작거리며 초의선사의 「다신전茶神傳」 한 구절을 되뇌인다. 지인들을 불러 보성 햇차를 나눠마시며, 초의선사를 흉내내어 볼 참이다.

홀로 마시면 신神이요 / 둘이 마시면 승勝이고 / 서넛이 마시면 취趣요
대여섯이 마시면 법法이요 / 칠팔 명이 마시면 시施라.

청령포 고운님 넋을 기리며
동강의 밤하늘 별을 헤다

단종의 넋이 서린

영월 청령포를 지나

동강의 비경을 따라 흐르다가

별마로천문대에 올라

별을 헤다.

가는 길(서울 기점) | 중앙고속도로⇨제천 나들목⇨30번 국도 영월 방면⇨제천 우회도로⇨문성삼거리⇨영월

맛집 | 장릉보리밥집(033-374-3986) | 둥굴바위(033-373-4788)의 쏘가리매운탕

머물 집 | 리버텔(033-375-8801) | 동강나룻터(033-374-7151) | 약물내기모텔(033-373-4477) | 예솔누리펜션(033-374-7084)

주변 명소 | 고씨동굴 | 영월책박물관 | 조선민화박물관 | 김삿갓 문학기행

여행정보 안내 | 영월군청 문화관광과(033-370-2544, www.gun.yeongwol.gangwon.kr) | 영월 별마로천문대(033-374-7460, www.yao.or.kr)

깎아지른 듯한 기암절벽을 끼고 흘러드는 서강은 천년 솔숲으로 뒤덮인 청령포에서
잠시 숨을 고른 다음 말발굽 모습의 강줄기로 삼면으로 에돌아나간다
이 더없이 아름다운 풍경에 유배지의 비애를 드리운 역사가 한스러울 따름이다

하늘도 울었다는 소나기재 넘어
비 내리는 청령포를 찾다

단종의 눈물로 얼룩진 '유배의 길'은 고려시대 정공권의 시 구절 그 대로 "칼 같은 산들이 얼키고 설켜 있는" 굽이굽이 첩첩 산길이다.

영월 들머리 고갯마루에서 전설처럼 소나기를 만났다. 청령포에서 승하한 단종에게 훗날 신하들이 치제致祭를 올리려고 이 고갯마루에 이를 때마다 구름이 터트린 울음이 소나기로 내려 그 이름을 소나기재 라 부르게 되었다고 한다. 소나기재 고갯마루 옆의 '옛고갯길'은 이젠 '단종 유배길 재현'이 있을 때나 걸어보는 역사의 뒤안길이 되었다. 한 양의 창덕궁을 출발한 옛사람들은 저 고개를 넘었을 터이다.

소나기재 오른편 숲길로 20여 미터쯤 들어가면 발치 아래는 문득 까 마득한 뼝대('벼랑'의 강원도 사투리)다. 노송을 이고 하늘높이 솟아있 는 두 개의 거대한 선돌 기둥 사이로 천길 아스라한 벼랑이 펼쳐지고, 그 아래로는 굽이굽이 서강이 에돌아 흐르고 있다─ '서강은 늘 우리보 다 먼저 청령포 가는 길로 나서고 있었구나!'

영월읍에서 한 5리 남짓 들어간 남면 광천리 언덕 아래로 에둘러나가 는 강 건너가 청령포다. 언덕 위에선 단종에게 사약을 바친 왕방연의 시조 한 수가 오늘도 애절하게 강물로 흐르고 있다.

> 천 만리 머나먼 길 고운 님 여의옵고
> 내 마음 둘 듸 업셔 냇가의 안쟈시니
> 저 물도 내 안 같아야 울어 밤길 예놋다

깎아지른 듯한 기암절벽을 끼고 흘러드는 서강은, 천년 솔숲으로 뒤 덮인 청령포에서 잠시 숨을 고른 다음 말발굽 모습의 강줄기로 삼면으 로 에돌아나간다. 아, 그러나 이 더없이 아름다운 풍광에 유배지의 비 애를 드리운 역사가 한스러울 따름이다.

거룻배를 타고 청령포로 건너가면 적막한 솔숲에 서늘한 기운이 서 려 있다. '端廟在本部遺趾'(단묘재본부유지)라는 제목을 단 비석에는 단종애사가 썩어 있고 세월의 이끼가 짙어가고 있다.

금표비禁表碑는 동서로 300척, 남북으로 490척 이내로는 사람들의

출입을 금하여 단종을 세상으로부터 격리시켰던 비정한 표징이다. 적막한 세월 속에 갇힌 소년 단종은 그 지독한 외로움과 서글픔을 어찌 견뎠을까? 깎아지른 절벽 위에는 단종이 한양을 바라보며 시름에 잠겼다는 노산대가 망연하게 흐르는 강물을 굽어보고 있다.

관음송觀音松은 청령포 솔숲 한가운데 서서 단종의 슬픔과 고독을 보고(觀), 그 울음소리를 들은(音) 소나무(松)라 하는데, 수령 600년의 우람한 둥치에 껍질이 유난히 붉다. 이 모든 게 처연한 역사의 흔적이다.

이곳 청령포는 삼면이 깊은 강물로 둘러싸이고 한쪽 면은 벼랑에 가로막혀 감옥이나 다름없는 곳이었다. 그런데 청령포가 홍수로 물에 잠기게 되자 단종의 처소가 관풍헌觀風軒으로 옮겨졌다. 단종은 관풍헌에 있는 동안 자규루子規樓에 올라 시를 지어 읊으며 울적함을 달래기도 했는데 「자규사子規詞」에 깃든 서글픈 심정은 너무도 절절하다.

원통한 새가 되어 제궁帝宮을 나오니
짝없는 그림자 푸른 산속 홀로 헤매네
밤이 오고 밤이 가도 못내 잠 못이루고

208

해가 오고 해가 가도 한은 끝이 없어라
두견이 울음 그치고 조각달은 밝은데
피눈물 흘러서 봄꽃은 붉구나
저 애끓는 소리는 하늘도 듣지 못하는데
시름찬 내 귀에는 어찌 이리 잘도 들리는가

　열일곱의 나이에 사약을 받고 세상을 버린 단종은 그 주검조차 안식을 찾지 못하고 강물에 버려지는 형벌을 받았다. 그러나 어느 시대에도 세상의 인심은 살아있는 법. 아무도 단종의 주검을 거두지 말라는 조정의 엄포에도 불구하고, 영월의 호장 엄흥도가 어둠을 틈타 아무도 몰래 단종의 주검을 수습하여 안장하고 종적을 감추는 사건이 일어나 세조와 그 추종 세력을 비웃었다. 그후 숙종 때에 이르러 단종이 복위되면서 단종의 무덤도 비로소 '장릉' 으로 그 이름을 얻었다. 해마다 한식날이면 영월사람들은 '단종제' 를 올려 단종의 넋을 기리고 있다. 나라 안에서 가장 많은 인파가 몰려드는 한식이다.

전 만리 머나번 길 고운 님 여의옵고 내 마음 둘 듸 업셔 냇가의 안쟈시니 저 물도 내 안 같아야 울어 밤길 예놋다

　장릉은 동을지산 기슭 솔숲에 둘러싸여 있는데, 소나무들도 억울하게 죽어간 원혼을 기리려는 듯 일제히 장릉을 향해 머리를 숙이고 있다. 사위는 구부러진 천년 소나무들에게 검은 옷을 입히기 시작한다.

동강의 비경을 따라 흐르다

굽이굽이 수만 년을 흘러온 동강의 비경은 우리 땅이 숨겨온 마지막 보석이다. 강 양편의 풍광은 사뭇 대조를 보인다. 한쪽은 온갖 야생화가 정감있게 어우러진 나지막한 둔치로 정갈한 자갈톱이 군데군데 박혀 있고, 다른 한쪽은 층층이 붉은 바위결을 드러낸 천길 뼝대(벼랑)가 병풍처럼 이어져 있다.

그 옛날 동강은 아름드리 통나무를 뗏목으로 엮어 한양으로 운반하

던 중요한 운송로였다. 강 갈피갈피마다 뗏꾼들의 애환이 서려 있고, 물결은 중모리 장단으로 한가로이 흐르다가도 여울을 만나면 휘모리 장단으로 숨가쁘게 굽이친다.

오늘날의 동강은 래프팅 족들이 그 옛날 뗏꾼들의 자리를 대신 차지하고 있다. 래프팅 일행이 도착한 곳은 자갈톱으로 뒤덮인 동강의 허리 진탄나루다. 울긋불긋 원색의 래프팅 보트들이 강을 수놓고 있는 가운데 즐거운 함성으로 물결이 파르르 떨고 있다. 우리는 준비 체조에 노 젓는 방법까지 배우고나서 짝을 맞추어 승선한 후 동강 발치의 섭새나루를 향해 "하낫 둘! 하낫 둘!" 구령도 씩씩하게 노를 젓기 시작했다.

강물을 따라 흘러가는 보트 위에서 바라보이는 동강은 굽이굽이 아득한 뼝대와 청옥색 물빛이 한 폭의 그림이다. 이따금씩 강 건너 길이 끊어진 곳에선 강변의 자갈톱으로 길을 만들어가며 트래킹하는 길손들이 손수건을 흔들며 반갑게 인사를 건네온다.

얼마간 평화로운 물살에 몸을 맡긴 보트는 문산나루로 흘러든다. 두꺼비바위를 지나자 마침내 동강 최고의 절경 어라연이 눈앞에 펼쳐진다. 상선암, 중선암, 하선암이 차례로 우리를 반기면서 물빛은 누구라도 풍덩 빠져들고 싶도록 아름답다. 동료들에게 떠밀려 물에 빠진 사람들은 처음에는 놀라서 "살려주세요!"를 외치다가 이내 즐거운 표정들이다. 이를 보고 모두들 박장대소하며 즐거워한다.

물살이 빨라지는 여울을 앞두고는 선장의 명령이 갑자기 매서워진다. 우리는 된꼬가리 여울을 만나자 "이영차! 이영차!" 기합에 맞춰 보트의 중심을 잡고 방향을 잡아나간다. 나는 그 옛날 뗏꾼들처럼 "어기 영차 가래여!"를 외쳐본다.

잔잔히 흐르던 물길은 어느새 하얀 물보라를 튀기는 소용돌이로 바뀌고 있다. "으으아~, 꽉 잡아요!" 래프트가 급물살로 빨려가는 순간, 흠뻑 물벼락을 맞으면서도 즐거운 비명들이 터진다.

그 옛날 이런 급물살에 적잖은 뗏목들이 부서졌고, 뗏꾼들은 다치거나 더러는 죽기도 했다. 이 위험한 물살과의 싸움을 잘 이겨낸 뗏군들

이 축배를 들었다는 거운리 전산옥이나 덕포주막 언저리에 이르렀다.

휘몰아 굽이치던 물살이 잠잠해지는 이쯤에서 뗏꾼들은 긴장을 풀고
「뗏목 아리랑」을 구성지게 불렀을 터이다.

놀다 가세요, 자다 가세요
그믐 초승달이 뜨도록 놀다 가세요
황새여울 된꼬까리에 때 무사히 지냈으니
만지산 전산옥이야 술상 차려 놓게나
영월덕포 공지갈보 술판을 닦아놓게…

212

산굽이 하나를 도니 강자락이 넓어지면서 저 앞으로 거운교가 눈에 든다. 종착지 섭새나루에 닿자마자 기진맥진한 일행은 강가 돌무더기에 철퍼덕 주저앉고 만다. 장장 3시간이 넘도록 물살에 부대끼며 70여 리를 흘러왔으니 그럴 만도 하다. 그래도 모두들 무지무지 재미있었다는 표정들이다.

우리는 동강 발치의 둥글바위 인근 소담스런 카페에서 시원한 생맥주 한 잔으로 피로를 달래며 도란도란 정담을 나눈다. 창 밖의 동강은 어느새 해거름이다. 노을에 물든 강물 위로 쉬리, 피라미, 쏘가리 같은 동강의 주인들이 하얗게 뛰어오르며 깝친다. 아무래도 극성스러운 불청객들(래프팅 족들)이 물러나서 기쁜 모양이다.

동강을 찾는 사람들은 누구나 그 아름다움에 찬탄을 금치 못한다. 우리가 변함없이 그런 찬탄으로 동강을 맞으려면 더도덜도 말고 그 찬탄만큼만 동강을 사랑하고 아낄 일이다.

봉래산 별마로천문대에서
별 하나에 사랑과 동경을 헤다

별마로천문대

도시의 밤하늘은 별을 잃은 지 참으로 오래되었다. 별을 보지 못하고 사는 우리 아이들에게 '별을 헤는 마음으로 사는' 서정이나 별자리 이 야기를 도란거리는 낭만을 기대하기는 어렵게 되었다. 영월에는 그런 우리들 가슴에 별밤을 되찾아줄 별천지가 있다. 해발 799미터 봉래산 정상에 자리한 별마로천문대가 바로 그곳이다. 우리 나라 최초의 시민 천문대로서 누구나 관람하고 별을 관찰할 수 있는 곳이다.

214

이곳 영월군민들은 몇 해 전 '영월군민 별자리 행사' 때 은하수처럼 모였다. 그날 밤, 사자자리 으뜸별인 '레굴루스' ('어린 왕' 이라는 뜻)를 '단종별' 로 이름지음으로써 최초의 우리말 별 이름을 갖게 된 행복한 사람들이 되었다.

주관측실에는 80센티미터 급의 반사망원경이, 보조관측실인 슬라이딩돔에는 보조망원경 8대가 하늘의 별을 헤고 싶은 사람들을 기다리고 있다. 낮에도 계절별 별자리를 찾을 수 있다. 직경 11미터의 천체투영실인 플라네타리움에서 별을 헤며 별자리를 이야기하는 사람들은 얼마나 행복한 이들인가. 이곳 천문대는 아마추어 천문인을 위해서 심야에도 개방되고 있다. 영월 조망은 24시간 가능하다.

이곳에서 밤하늘의 별을 우러르면서 비운의 시인 윤동주의 「별을 헤는 밤」에서처럼 별 하나하나에 그리운 이름들을 불러보는 것도 색다른 즐거움일 터이다.

> 계절이 지나가는 하늘에는 / 가을로 가득 차 있습니다.
> 나는 아무 걱정도 없이 / 가을 속의 별들을 다 헤일 듯합니다.
> 가슴속에 하나 둘 새겨지는 별을 / 이제 다 못 헤는 것은
> 쉬이 아침이 오는 까닭이요, / 내일 밤이 남은 까닭이요,
> 아직 나의 청춘이 다하지 않은 까닭입니다.
> 별 하나에 추억과 / 별 하나에 사랑과 / 별 하나에 쓸쓸함과
> 별 하나에 동경과 / 별 하나에 시와 / 별 하나에 어머니, 어머니,
> 어머님, 나는 별 하나에 아름다운 말 한 마디씩 불러 봅니다.
> ……
> 나는 무엇인지 그리워 / 이 많은 별빛이 내린 언덕 위에
> 내 이름자를 써 보고, / 흙으로 덮어 버리었습니다.
> 딴은 밤을 새워 우는 벌레는
> 부끄러운 이름을 슬퍼하는 까닭입니다.
> 그러나 겨울이 지나고 나의 별에도 봄이 오면
> 무덤 위에 파란 잔디가 피어나듯이
> 내 이름자 묻힌 언덕 위에도 / 자랑처럼 풀이 무성할 거외다.

땅끝에서 배를 띄워 타고
고산의 낙원을 찾아들다

해남 땅끝 마을에서

세월을 돌아보고

쪽빛 바다 건너

보길도 부용동에 들어

윤선도의 풍류에 취해 놀다가

예송리 해변에서

태고의 교향악을 듣다.

가는 길(서울 기점) | 호남고속도로⇨광산 나들목⇨13번 국도 나주-영암-해남의 땅끝 | 서해안고속도로⇨목포⇨2번 국도 영암의 성전⇨13번 국도 해남의 땅끝 | 땅끝⇨보길도행 배편(1시간 소요) : 오전 6시 첫 배(카페리) 후 30분 간격 왕복(해광해운 061-533-4249, 승용차 승선 : 1만6천 원~2만 원)

맛집 | 해남 천일관(061-535-1001)과 국일관(061-535-1133)의 한정식 | 보길도 쉼터가든(061-553-6419)의 전복회 | 보길도아가씨횟집(061-555-2775)의 뻘낙지전골 | 보길도 실비가든(061-553-6253)의 전복죽과 간재미회 | 보길도에서 완도 석장리 포구(061-552-1173)로 나올 때는 산호정(061-554-2367)의 해물한정식

주변 명소 | 해남 대흥사 | 완도 | 청산도

머물 집 | 땅끝마을 땅끝콘도(061-533-5551) | 보길도 예송리 민박촌(061-554-8568) | 송림회관(061-554-9624)에서는 토속 백반도 맛볼 수 있음.

여행정보 안내 | 해남군청 문화관광과(061-530-5224, www.haenam.channam.kr) | 보길면사무소(061-550-5011) | 보길도 여행 사이트(www.bogildo.com)

해남 땅끝 마을

우리 땅 모든 길의 자궁, 끝이자 시작인 땅끝을 가다

북위 34도 17분 16초, 동경 126도 06분 02초의 전남 해남군 송지면 송호리는 한반도 남쪽 땅끝이다. 더 이상 내디딜 땅이 없는 이곳에 가면 먼바다로부터 불어오는 바람 한줄기도, 무심하게 철썩이는 파도소리도 예사롭지 않다. 고단했던 1980년대, 시대의 절망을 안고 이곳 땅끝을 찾았던 기억이 새롭다.

그러나 다시 와서 본 땅 끝에 서서 나는 그때의 암담함을 넘어 새로운 전망을 내다본다. 땅끝은 절망이 아니라 새로운 시작이다. 비록 뭍의 길은 예서 끊어졌어도 저 멀리 무수한 섬들로 건너가 다시 길을 내고 있다. 그 길은 섬들을 징검다리 삼아 바다를 건너 다시 대륙에서 대륙으로 끝없이 이어져 마침내 이곳 땅끝으로 회귀한다.

예전에 올랐던 사자봉 전망대로 가는 찻길은 이미 번잡해져 있다. 쪽빛 바다를 바라보며 오르는 뒷길로 접어든다. 높이가 15미터나 되는 해안 절벽을 따라 걷는 발걸음마다 전해오는 흙길의 촉감이 참으로 푸근하다. 봄흙 냄새에 지나는 바람도 취하고 나도 취한다. 절벽길 끝에 우뚝 선 삼각형 뾰족탑이 땅끝탑이다. 여행객들은 "여기가 진짜 땅끝이다!" 하고 저마다 감동어린 탄성을 자아낸다.

다시 20여 분쯤 오르면, 예전에 봉화대가 있던 사자봉 꼭대기에 9층 높이의 거대한 땅끝전망대가 바다를 굽어보고 있다(사실 나는 땅끝 해맞이축제의 명소로 들어선 이 인공물 앞에서 질려 있다). 전망대에 오르면 보길도를 비롯하여 노호도, 황간도, 넙도, 꽃섬 등이 아스라이 크고 작은 점으로 보인다. 땅끝은 예서 끝이자 다시 시작이다. 그 섬들을 향한 그리움을 달래주는 뱃길의 시작이다.

갈두포구에서 보길도로 건너가는 여객선에 몸을 싣고 남쪽바다로 나아간다. 배는 잠시 넙도에 들러 두어 사람을 내려주고 한 식경 정도 더 물살을 헤친 끝에 청별항에 닻을 내린다. 빛 바랜 간판들이 선창가를 따라 줄지어 있는 작은 포구는 여전히 정겹다.

동백 천지 보길도에 들어
고산의 풍류를 만나다

'보고리'(바구니의 옛이름)에 유래한 보길도에서 고산의 유적을 찾
는 이를 가장 먼저 기다리는 곳은 부황리 세연정洗然停이다. 물에 씻은
듯 깨끗하고 단정하여 기분이 상쾌해지는 곳이라….

세연정은 부용동 정원에서도 가장 공들여 꾸며진 곳이다. 흐르는 물
을 돌둑으로 막아 세연지洗然池를 만들고 다시 그 물을 끌어들여 네모

진 인공연못 회수담回水潭을 만든 후 두 연못 사이의 인공섬에 세연정을 세워 주변 경관을 누릴 수 있도록 했다. 크고 작은 바위들이 점점이 드러난 세연지의 자연미와 축대로 돌린 회수담의 인공미가 서로 대비되면서도 절묘하게 어울린다. 과연 우리 나라 원림의 백미로 꼽을 만하다. 세연정 동쪽에는 각각 동대와 서대로 불리는 네모진 단이 두 개 있는데 회수담 안의 너럭바위와 더불어 무희가 춤을 추고 악사가 풍악을 울리던 무대로 쓰였다.

푸른 대숲 너머 고풍스런 세연정에 오르니, 선홍빛 꽃점들이 물낯을 가리고 있다. 연못가에 줄지어 선 동백의 검푸른 잎사귀 사이사이로 동백꽃부리들이 뚝뚝 고개를 떨구고 있다. 고산은 예서 춤과 노래를 배경으로 쪽배를 띄워놓고 한잔 술의 풍류를 즐겼을 터이다.

앞강에 안개 걷고 뒷산에 해 비친다
배 띄워라 배 띄워라
썰물은 밀려가고 밀물은 밀려온다
찌거덩 찌거덩 어야차
강촌에 온갖 꽃이 먼 빛이 더욱 좋다

나는 고산의 「어부사시사」 가운데 봄노래(春詞) 한 대목을 흥얼거리며 고산의 발자취를 더듬는다. 연못물이 시원하게 넘쳐나는 돌둑(일명 굴뚝다리라고도 부르는 판석보)을 건너 왼편 오솔길로 조금 오르면 산 중턱에 옥소대가 있다. 금강산의 삼일포와 비견되는 황원포가 훤히 내려다보이는 자연 그대로의 바위로, 고산이 무희들과 더불어 가무를 즐기던 곳이다.

대개들 이곳을 끝으로 발길을 돌리거나 어쩌다가 동천석실이나 격자봉으로 향하는 이들도 대부분 차편을 이용하는데, 그래가지고는 부용동의 운치를 제대로 느꼈다 할 수 없다. 이곳 세연정에서 부용리 마을 어귀까지 이어지는 돈방골은 보길도에서 가장 아름다운 동백나무길이다. 동백이 얼마나 가득 피었으면 돈방(동백의 사투리)이 가득 핀 '논방골'이라고 했을까? 과연 소문대로 떨어진 동백꽃 송이송이 붉게 수놓은 길은 눈물겹도록 아름답다.

고산이 '부용동 제일의 절승'이
라고 칭송해 마지않은 동천석실
은 큰 바위들에 에워싸인 한 칸
짜리 소담한 정자다.

　이렇게 부용리를 거쳐 얕은 개울을 지나면 동천석실로 오르는 오솔
길이다. 나이 오십의 고산이 열세 살 때 시집온 셋째부인 설씨녀와 함
께 달구경을 다녔다는 이 숲길에도 동백이 하늘을 가리고 있다. 이윽고
고산이 '부용동 제일의 절승'이라고 칭송한 동천석실이 보인다. 큰 바
위들에 에워싸인 한 칸 짜리 소담한 정자다. 석실 옆의 반석 위에 올라
앉으니, 시원스럽게 뚫린 시야로 적자봉과 낙서재터가 밟힌다. 고산의
시가 절로 읊어지니, 나 또한 홀로 신선이 되어가는가.

　　잔 들고 혼자 앉아 먼 산을 바라본다
　　그리던 님이 와도 반가움이 이러하랴
　　말씀도 웃음도 아녀도 못내 좋아한다

　　보길도를 찾을 때마다 그 고아한 풍취에 취한곤 하지만 문득 이만한 원림을 조성하기 위해 얼마나 많은 민중들의 땀을 짜냈을까 하는 생각에 당혹스럽다. 그러나 은둔자 고산이 남긴 흔적으로 인해 우리 문화유산이 더욱 풍부해진 것만은 틀림없어 보인다.

　　길을 틀어 섬의 서남쪽 해안도로로 나선다. 먼저 들른 뽀래기해변에는 '공룡알 돌' 들이 내 발걸음에 맞춰 '뽀스락' 소리를 낼 뿐 아무도 없는 적막이다. 여기서는 멀리 한라산까지 보인다.

　　선창리와 보옥리 사이의 해안도로에서 다도해의 해넘이를 만난 것은 행운이다. 청옥빛 다도해는 서서히 황금빛으로 채색된다. 넙도, 옥매도, 갈도의 하늘은 만선으로 돌아오는 어부처럼 기분좋게 마신 술에 취했나보다. 고산의 풍류가 절로 읊어진다.

　　　　기러기 떴는 밖에 못 보던 뫼 뵈는고야
　　　　이어라 에어라 낚시질도 하려니와 취한 것이 흥이로다
　　　　지국총 지국총 어사와 석양이 비추니 천산이 금수로다

푸르른 보리밭 옆 돌무더기 위로 씻빛 통백꽃이 뚝뚝 떨이저 쌓이고 있다.

예송리
깻돌
해변

예송리 깻돌, 해변,
해조음의 교향악에 잠을 잊다

누워있는 소를 닮은 기도(소섬)를 바라보며 돌아 오른 예송리 들머리
에서 샛바우재를 넘어서는 순간, 발 아래로 한눈에 들어오는 상록수림
에 절로 탄성이 인다. 여러 겹으로 줄을 지어 선 수림은 700여 미터의
까만 깻돌해변을 띠모양으로 감싸나가고 있다. 300여 년 전, 바닷바람
을 막으려고 만든 이 방풍림은 수백 년 묵은 동백나무를 중심으로 후박
나무, 감탕나무, 생달나무, 곰솔 등이 어우러진 상록수 천국이다.

이 아름다운 예송리 해변에 들면 두 가지 아름다운 소리를 덤으로 즐길 수 있다. 동박새 소리와 깻돌이 파도와 어울려 협연하는 해조음海潮音이다. 동박새는 동백나무숲에서 붉은 동백꽃 사이사이를 날며 우짖는다. 동네 사람들은 "수컷 동박새가 암컷을 찾는" 그 구애의 울음소리를 '삔추' 라고도 부른다. 이 아름다운 구애 소리는 해질 무렵이면 더욱 요란스러워진다. 동박새도 혼자 있는 밤은 외로운 것일까?

파도가 깻돌을 어루만져 내리면서 연주되는 매혹적인 해조음은 밤이 되면 "쏴아… 짜그르르… 쏴아아… 짜르르르…" 더욱 옥타브를 높여 여행객을 잠못 이루게 한다. 자연이 빚어내는 교향악에 취해 해변을 산책하며 쳐다보는 밤하늘엔 별이 가득하고, 건너편 예작도의 고즈넉한 가로등 불빛이 물낯에 어른거린다.

이른 아침, 해변으로 나서면 김양식장과 똑닥선들 너머로 해맑은 아침해가 떠오르고 물먹은 깻돌들이 황금빛으로 영롱하게 빛난다.

여정을 끝낸 여행객들을 다시 실은 배는 청별항淸別港을 떠난다. '푸른 이별' (淸別)이란 어떤 이별일까? 나는 여전히 그리움을 두고 떠난다. 올수록 그리움이 더욱 짙게 쌓이는 섬, 보길도와 '청별하는' 나는 언젠지는 모르지만 또 만날 날을 떠올리며 마냥 가슴 설렌다.

발 아래로 한눈에 들어오는 상록수림에 절로 탄성이 인다. 여러 겹으로 줄을 지어 선 수림은 700여 미터의 끼만 깻돌해변을 띠모양으로 감싸나가고 있다.

물빛 고운 섬진강에서
봄꽃 편지를 띄우다

섬진 매화마을

눈꽃대궐에 하얗게 취해

하동 칠십 리 벚꽃길,

화개골 야생차밭을 지나

산동마을에 들어

샛노란 산수유꽃 구름 속에 묻히다.

가는 길(서울 기점) | 남해고속도로⇨하동나들목⇨(19번 국도)하동⇨섬진교 건너 우회전⇨(861번 지방도로)섬진마을 | 하동⇨(19번 국도)화개장터~화개골⇨(다시 화개로 돌아나와)⇨(19번 국도)구례⇨산동골 위안마을

맛집 | 하동 동흥식당(055-883-8333)의 재첩진국 | 구례 그옛날산채식당(061-782-4439)의 산채정식 | 지리산식당(061-783-0997)의 대나무특식 | 천수식당(061-782-2538)의 은어요리 | 동백식당(061-883-2439)의 참게탕

머물 집 | 송원리조트(061-780-8000) | 지리산프라자호텔(061-782-2171) | 지리산온천랜드(061-783-2900) | 섬진강호텔(061-781-2000) | 미리내(055-884-7292) | 화개골의 민박집들

주변명소 | 지리산, 쌍계사, 칠불암, 운조루, 평사리 토지문학관, 청학동

여행정보 안내 | 광양시청 문화홍보담당관실(061-797-2363, www.gwangyang.go.kr), 구례군청 문화관광과(061-780-2224, www.gurye.net), 하동군청 문화관광과(055-880-2364, www.hadong.go.kr)

ⓒ 중앙일보사

다압면 매화마을 눈꽃 날리는 섬진 매화마을에서
제비꽃 사랑을 그리다

백운산 자락 섬진마을(전남 광양시 다압면)의 2월은 함박눈처럼 펑펑 쏟아져 내리는 매화로 온통 하얗다. 여기에 때늦은 눈이라도 내리면 천지는 눈인지 매화인지 구분이 서지 않는다. 고려시대 문인 이규보가 매화를 예찬한 시처럼 설중매雪中梅가 가장 먼저 봄을 열기 시작하는 곳이 바로 이곳 섬진마을이다.

봄비 내리더니 하늘빛 청명하여 풀빛마저 푸르고
따스한 바람 타고 매화향 재 너머 오는가

　이 매화잔치는 섬진마을 한가운데에 자리한 청매실농원을 중심으로
절정을 이룬다. 무수한 매화 분재와 굵은 조선 항아리가 무려 2천여 개
나 정렬되어 있는 농원 뜨락의 풍광도 보기 드문 장관이다. 농원 뒤편
의 왕대숲과 어우러져 봄햇살에 수줍은 듯 볼을 붉히고 있는 조선 항아
리 속에서는 매실이 향기롭게 익어가고 있을 게다.

　무려 12만 평이 넘는 농원 곳곳에서는 사오십 년씩 묵은 매화나무들
이 일제히 꽃망울을 터트리고 있다. 이른 봄에 피는 매화는 흰색, 홍색,
담홍색 등으로 대개는 홑겹으로 잎보다 꽃을 먼저 피워내는 봄의 전령
사다. 이곳 사랑방에 앉아 바람에 휘날리는 하얀 꽃비를 그윽히 바라보
며 마시는 매실차의 은은한 향은 가히 일품이다.

　농원 뒤안길로 넘어 돌아드는 순간, 절로 탄성을 자아내는 풍경이 펼
쳐진다. 보리밭 푸르른 이랑 위로 만개한 매화가 흰눈처럼 소담스럽게
날리고 있는 게 아닌가. 특히 수십 년 묵은 매화나무 등치 잔가지 끝에
피어난 몇 송이의 매화꽃, 이름하여 고매古梅는 그 고아한 매무새로 운
치를 더해주고 있다.

　이 아름다운 매화 천국을 일군 사람은 전통식품 명인 1호로 지정된
홍쌍리 님이다. 그는 30여 년 동안 일구어 온 농원에서 해마다 150톤이
넘는 매실을 따내고 있는 데다가 최고의 매실 농축액 제조 기술을 보유
하고 있다. 매실은 매실정, 매실환, 매실 장아찌 등등 10여 가지 건강식
품으로 나라 안팎에서 그 인기가 절정이다. 섬진마을에서는 해마다 매
화꽃이 만개할 무렵이면 '매화축제' 한마당도 펼쳐진다. 이 잔치에 어
우러든 사람들은 '매실차·매실주 시음대회'에서 얼굴에 발그레한 홍
매화를 피우며 즐거워한다.

　자연스런 매화 산책길에서 저 아랫녘으로 내려다보이는 섬진강변은
그대로 한 폭의 그림이다. 봄햇살에 넘실넘실 흘러가는 강물 너머 펼쳐

무려 12만 평이 넘는 농원 곳곳에서는 사오십 년씩 묵은 매화나무들이 일제히 꽃망울을 터트리고 있다.

지는 은모래밭 끝자락의 울울창창 대숲도 짙푸르다. 지금쯤 깊은 산녘 솔밭 아래서는 춘란이 연초록 꽃대를 수줍게 피워올리고 있을 게다. 언덕 지나는 봄바람에 청아한 매화꽃 내음이 실려와 가슴속 깊이 상쾌하게 한다. 여기서는 누구나 시인이 되고 화가가 된다.

재첩잡이가 한창인 섬진강 새하얀 모래톱에 앉아 봄볕을 즐기는 사람들이 정겨워 보인다. 섬진강변 길섶을 따라 걷다보면 민들레꽃, 제비꽃, 솜양지꽃, 현호색 등이 지천으로 피어 봄날의 운치를 더해준다. 그 가운데 제비꽃은 아마도 봄소식을 맨 먼저 전해주는 꽃일 터이다. 꽃의 생김이 마치 병아리처럼 귀엽게 생겼다 하여 병아리꽃이라고도 불리는 제비꽃은 그 자줏빛 꽃잎이 자수정 보석보다 아름답다.

문득 그 옛날 가슴앓이를 해대던 소년의 풋사랑이 봄날처럼 되살아난다. 날마다 강가로 나와 예쁜 제비꽃잎을 골라 만든 꽃반지… 소녀의 손가락에 끼워주고 싶었지만 차마 용기를 내지 못해 날마다 강물에 띄워 보내고 돌아오곤 했던 그 아스라한 추억이 새삼스럽게 가슴 아리다. 봄볕 부신 섬진강 언덕길을 걷다보면 조동진의 「제비꽃」이 흥얼거려진다.

내가 처음 너를 만났을 때
너는 작은 소녀였고

머리엔 제비꽃, 너는 웃으며 내게 말했지

아주 멀리 새처럼 날고 싶어

　풀잎 사이 중심에서 꽃대가 올라와 꽃대마다 한 송이씩 노랑 꽃을 피우는 민들레는 강한 생명력의 상징으로 불린다. 돌틈은 물론 갈라진 아스팔트 틈에서도 피고 쓰레기 더미 위에서도 핀다. 먼지 한 줌만 있으면 어디서고 뿌리를 내리고 그 예쁜 꽃망울을 터뜨린다. 꽃이 진 자리는 하얗고 둥근 모양으로 부풀어오르는데 "후 ～" 하고 불면 천지사방으로 흩어지면서 민들레 홀씨를 퍼뜨린다. 사람 사는 인정도 저렇게 퍼졌으면 좋을 봄날이다.

　섬진강변을 따라 앉은뱅이 봄꽃에 취해 걷다보면 화개나루터에 이른다. 전라도와 경상도 사람들과 물산을 아우르는 화개장터가 이웃해 있다. 이 강나루에는 아직도 줄나룻배가 강 이쪽 저쪽으로 사람들을 건네주느라 분주하다. 섬진강을 가로지르는 이 뱃줄은 강이 만들어낸 경계를 예전부터 지워버리고 있었다. 그래서인가, 화개장터에 가면 와자지껄 사람 사는 냄새가 물씬하다. 말씨조차도 전라도와 경상도 말씨가 한데 버무려져 이곳 사람들만의 색다른 말씨를 빚어낸다. "여어이～ 건너 올랑가?" "쪼매 기둘리시오～ 잉, 내 싸게 건네 줄라니께잉" —줄배보다 앞서 강바람을 타고 건너오는 뱃사공의 목소리도 정겹다.

굵은 조선 항아리가 무려 2천여 개나 정렬되어 있는 농원 뜨락의 풍광도 보기 드문 장관이다. 청매실농원의 주인 홍쌍리 님이 매실이 잘 숙성되었는지 일일이 살피고 있다.

아직은 춘삼월, 지리산에서 발원한 계곡물이 쌍계사를 지나 섬진강으로 흘러드는 이 화개골에선 음북의 사월의 벚꽃 대신 산비탈 여기저기 야생 차밭에서 자아내는 향기 그윽하다.

화개골
야생
차밭

지리산 이슬을 먹고 자라는
화개골 야생 차밭에 가다

"꽃이 봄을 연다"고 해서 '화개花開'다. 이곳 화개는 꽃만 피워온 게
아니라 전라도와 경상도 사람들이 한데 어우러져 화해의 인정을 피워
온 땅이다. 가수 조영남의 「화개장터」로 더욱 유명해진 그 화개장터다.

장터 주막에서 수박향이 단 섬진강의 명물 은어회 몇 첩과 얼큰하게
끓여 내놓은 참게탕을 안주 삼아 막걸리를 한잔 걸치고 벚나무 터널 길
로 들어선다. 예서 우대로 쌍계사까지의 시오 리 길은 그 이름도 황홀
한 '혼례길'이다. 산수유꽃이 마지막 꽃잎을 힘겹게 매달고 있는 사월

초순 즈음이면, 이 벚나무 길은 새하얀 꽃눈이 펄펄 날리는 절정이다.

아직은 춘삼월, 지리산에서 발원한 계곡물이 쌍계사를 지나 섬진강으로 흘러드는 이 화개골에선 눈부신 사월의 벚꽃 대신 산비탈 여기저기 야생차밭에서 자아내는 향기 그윽하다. 이곳 화개골 옆의 운수리는 우리 나라 최초의 '차시배지茶始培地' 다. 지금 화개에서 신흥마을까지 화개골 30리 산기슭엔 천 년 세월이 더 지난 야생차가 지리산의 이슬을 머금고 자라고 있다. 신라 흥덕왕 때, 대렴이 당나라에서 차씨를 가져와 이곳 지리산 기슭에 심은 후로 우리 나라에 차가 널리 퍼졌다고 한다.

이곳 야생 차밭에서도 곡우 전에 따내는 우전雨前이 있지만, 질 좋은 야생차는 5월초에서 6월초 사이에 딸 수 있다. 화개골 곳곳에는 야생차를 직접 덖어내는 찻집들이 곱게들 자리하고 있다. 아무 찻집이나 들어서면 지리산 물로 달인 그윽한 차 한 잔의 여유를 음미할 수 있다.

해마다 5월 중순경이면 화개골 사람들은 다향茶香 그윽한 '하동야생차축제' 한마당을 펼친다. 특히 화개골에서의 '차 만들기 민박체험' 은 아주 특별한 추억으로 남는다. 그 무렵이면 화개골 사람들은 부지런히 찻잎 따내고, 그 찻잎 덖느라 하루 해가 짧다.

해마다 5월 중순경이면 화개골 사람들은 부지런히 찻잎 따내고, 그 찻잎 덖느라 하루 해가 짧다. 민박집에서의 '차만들기' 기족체험도 이채로운 여정이다.

산동마을 산수유

꽃구름 띠를 두른 산수유
마을에서 「산동애가」를 듣다

지리산의 정령치, 노고단 같은 산자락들은 아직 산머리에 잔설을 희 끗희끗 덮어쓰고 있다. 그 아랫녘, 낮과 밤의 기온 차가 심한 구례 일원 은 예로부터 '산수유의 고장'으로 널리 알려진 곳이다.

특히 지리산 북녘 자락 만복대와 노고단이 병풍처럼 빙 둘러싸여 봄 볕이 유난히 더 따뜻한 계곡 초입에 옹기종기 들어앉은 산동마을에는 유난히 산수유꽃이 꽃구름 바다를 이룬 듯하다.

234

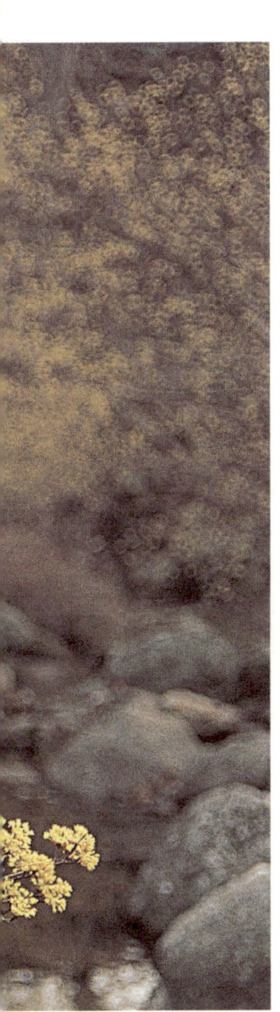

지리산의 눈과 얼음이 한창 녹아내리는 묘봉 골짜기 물소리가 맑게 지나는 이 마을에서도 지금 산수유꽃이 한창 샛노란 물감으로 채색되는 중이다.

마치 온 마을을 노오란 꽃구름 띠로 두른 듯하다. 3만여 그루의 산수유가 봄볕을 다투며 일제히 꽃망울을 터트리는 풍정은 그대로 한 폭의 수채화다. 개미 날개만큼 작은 노란 꽃잎이 달린 산수유 꽃송이는 하나하나가 꽃뿔 난 왕관을 닮았다. 꽃의 느낌이 지극히 청초하고 산뜻하다.

산수유꽃이 절정으로 피어나는 3월 중순 무렵이면, 이곳 산동마을에서는 '산수유축제'를 펼쳐놓고 봄의 교향악을 부른다.

이맘때면 이끼 낀 돌각담이 고풍스럽게 에둘러 돌아 이어지는 마을 안길과 산밭 곳곳이 분주해진다. 상춘객들은 물론이고 화가, 사진작가에 '산수유 사생대회'에 참여한 학동들까지 어우러져 봄을 즐기고 그려내느라 바쁘기 때문이다.

지리산의 눈과 얼음이 한창 녹아내리는 묘봉 골짜기 물소리가 맑게 지나는 이 마을에서도 지금 산수유꽃이 한창 샛노란 물감으로 채색되는 중이다.

속내 깊은 여행객들은, 이념의 덫에 걸린 열아홉 꽃다운 여걸 백부전이 토벌대의 오랏줄에 묶여 산동마을을 뒤로 두고 처형장으로 끌려가며 불렀다는 애절한 「산동애가山洞哀歌」도 들을 수 있다.

잘 있거라 산동山洞아 / 너를 두고 나는 간다
열아홉 꽃봉오리 / 피어보지도 못하고
까마귀 우는 골을 / 멍든 다리 절어 절어
다리머리 들어오는 / 원한의 넋이 되어
노고단 골짝에서 / 이름없이 쓰러졌네

잘 있거라 산동山洞아 / 산山을 안고 나는 간다
산수유 꽃잎마다 / 설운 정情을 맺어놓고
회오리 찬 바람에 / 부모효성 다 못하고
갈길마다 눈물지며 / 꽃처럼 떨어져서
노고단 골짝에서 / 이름없이 쓰러졌네

(대사) 살기 좋은 산동마을 인심도 좋아 열아홉 꽃봉오리 피워보지 못하고 까마귀 우는 곳에 나는 간다. 노고단 화엄사 종소리야 너만은 너만은 영원토록 울어다오.

백부전(본명 백순례)은 위로 오빠 셋에 언니 하나를 둔 산동면 상관 마을 백씨 집안의 막내였다. 여순사건 당시 오빠 둘은 이미 세상을 떠났고, 어머니는 대를 이어야 한다며 막내딸 부전더러 셋째 오빠를 대신하여 희생할 것을 당부했다고 한다. 그녀는 하나 남은 오빠 대신 처형장으로 끌려가는 길에 「산동애가」를 지어 부르며 눈물로 길을 적셨을 터이다.

이 노래는 당시에 완성된 것은 아니고, 이후 구전되어 오다가 레코드 판으로 나왔지만 곧 금지곡이 되었다. 이래 저래 역사의 뒤안으로 영영 사라질 뻔했던 이 노래는 우여곡절 끝에 다시 세인의 입에 오르내리게 되었다. 산동마을에서는 홍순례 할머니가 이 노래를 가장 잘 부른다고 한다.

운조루 안쪽 문수리 계단식 논밭 사이사이에도 산수유가 노오란 꽃구름을 층층이 피워놓고 있는 풍광이 아늑하다. 이 꽃이 지면 다닥다닥 열매가 맺고, 여름 뙤약볕을 받아먹은 열매는 늦가을이면 알알이 붉은 별처럼 반짝인다. 나라 안 절반의 산수유 열매가 이곳에서 나는데 한약재 등으로 귀하게 쓰인다.

땅거미가 지면서 어스름이 봄꽃 정원의 문을 닫는가. 해 저물녘, 섬진강이 금빛 물비늘을 잔잔히 일렁이며 순례자 되돌아가는 길에 은은히 송가頌歌를 불러주는가 싶더니, 어느새 강변 마을마다 하나둘 꽃등을 내걸고 있다. 어둠으로 닫힌 봄꽃 정원은 이제 곧 달이 뜨면 새옷으로 단장하고 슬며시 문을 열 것이다.

이렇게 한바탕 꽃잔치를 벌이고 나면 이 봄도 다 지날 것이다. 남도의 꽃그늘 아래서 따라부르는 한영애의 「봄날은 간다」는 애잔함이 더하다—"연분홍 치마가 봄바람에 휘날리더라~ … 꽃이 피면 같이 웃고~ 꽃이 지면 같이 울던~ … 봄날은 간다."

바닷길이 열리는 진도에서
징헌 소리와 그 요환한 목향에 젖다

기적이 열리는 바닷길 한가운데서

우리네 사람살이 소망을 기원하고,

불 같은 홍주紅酒에 취해

징헌 진도소리에 푹 빠졌다가

첨찰산자락 운림산방에 들어

묵향 그윽한 남화의 탯자리를 더듬다.

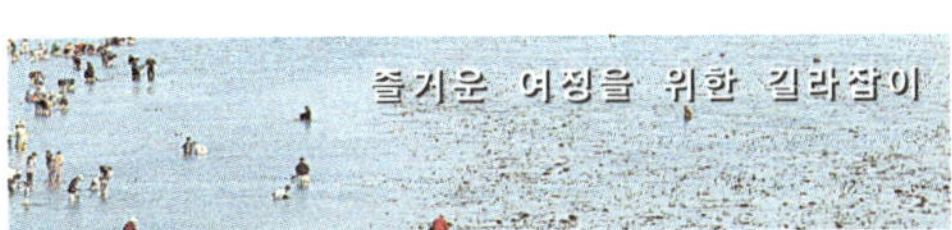

가는 길(서울 기점) | 서해안고속도로⇨목포 나들목⇨영산강 하구언 방조제 지나 우회전⇨영암방조제⇨금호방조제⇨진도대교⇨회동 신비의 바닷길(섬에서의 해안드라이브코스 : 남도석성⇨팽목⇨가학리⇨가치리 구간이 좋음)

맛집 | 제진관(061-544-2419)과 문화횟집(061-544-2649)의 간재미회 | 신천지(061-544-7077)의 구기자 한우 꽃등심 | 다도해 관광회센터의 농어 · 감성돔회

머물 집 | 셋방낙조 전망대 바로 밑의 민박집(061-544-2505) | 태평모텔(061-542-7000) | 남강모텔(061-544-6300) | 프린스모텔(061-542-2251)

주변 명소 | 금골산 | 관매도 | 청용리 해안의 개매기체험과 죽림리 해안의 조개잡이 체험

여행정보 안내 | 진도군청 문화관광과(061-544-2649, www.jindo.go.kr)

기적이 열리는 바닷길에서
용왕님께 소망을 빌다

　진도대교가 놓인 이후로 진도는 더 이상 섬이 아니다. 진도로 드는 다리 길목에 진도 명물 진돗개 조각상이 마중을 나온 듯 반긴다. 상판만을 매어단 허궁다리 아래로 용트림쳐대는 울돌목의 물살은 아주 세차다. 해협 옆의 우수영 명량대첩기념관에서는 이순신 장군이 진도 사람들과 함께 거센 물살을 이용한 지략으로 왜군 대선단을 괴멸시킨 통쾌한 승전보를 들을 수 있다.

다리를 건너자마자 망금산 녹진 전망대 팔각정에 오르니 발 아래로 한눈에 드는 풍광에 절로 감흥이 인다. 양산살을 펼쳐놓은 듯 그 모양새가 멋드러진 진도대교와 다도해 해상국립공원의 올망졸망한 섬들이 한 폭의 그림을 그려놓고 있다.

신비의 바닷길이 펼쳐질 섬의 동남단 회동으로 가는 801번 해안길이 빚어내는 풍광 또한 떨칠 수 없는 유혹이다. 봄기운이 절정에 이른 남도길의 풍정은 유장하다. 붉은 황토 구릉 사이사이로 유채꽃이 샛노랗게 한들거리고, 짙푸른 줄기 가운데로 갓 내밀기 시작한 보리 모가지들이 연초록 물결을 이루는 그 너머로 은빛 바다가 넘실거린다. 그 바다 너머로는 제주도 한라산이 아스라하다.

바닷길이 열릴 때를 기다리는 동안 회동 앞바다에선 오색 풍어 깃발을 펄럭이는 수십 척의 어선들이 '해상 선박 퍼레이드' 와 '뗏목놀이' 를 연출하고, 회동 야외 민속공연장에선 진도 민속놀이 마당, 진돗개 묘기 자랑 등이 한껏 분위기를 달군다.

뽕할머니 기원상 앞에선 전설 속의 뽕할머니를 기리는 '용왕제' 가 경건하게 올려진다. 기록에 따르면, "조선 초엽, 호랑이가 자주 출몰하여 호환虎患이 심해지자 호동虎洞마을 사람들은 뗏목을 타고 가까운 모도로 피신했는데 모두들 경황이 없어 뽕할머니만 홀로 남겨놓고 말았다. 할머니는 헤어진 가족들을 만나게 해달라고 용왕님께 날마다 치성을 드렸다. 이에 감동한 용왕이 현몽하여 무지개를 내릴 테니 바다를 건너가라고 했다. 다음 날 뽕할머니는 모도가 보이는 가까운 바닷가로 나가 두손을 모으고 머리를 조아렸다. 홀연 무지개처럼 떠오른 바닷길이 모도까지 걸쳤다. 모도에 있던 사람들은 그 길로 할머니를 맞으러 왔다. 가족을 만난 뽕할머니는 더 이상 여한이 없다며 숨을 놓았다. 마을 사람들은 그때부터 뽕할머니를 기려 제사를 지내며 그 넋을 달래오고 있다." 뽕할머니의 정성이 바닷길을 뚫었듯이, 사랑을 이루지 못한 사람이 열린 바닷길에 소원을 빌면 사랑을 이루게 된다고 한다. 이런 신령스런 기적을 "영靈이 등천登天하였다" 하여 '영등살이' 라 부르고 제사를 모셔오다가 오늘날의 '진도영등축제' 로 그 신명난 잔치를 벌여오고 있다.

주한 프랑스 대사 피에르당디가 프랑스 신문에 "한국판 모세의 기적"
이라고 소개한 것처럼, 수년 전에는 진도 바닷길 장관을 목격한 일본
여가수 텐노 요시미가 「진도이야기珍島物語」를 지어 불러 엔카演歌 부
문 10주 연속 1위를 차지하면서 '진도의 기적'이 일본에 널리 알려지
기도 했다.

바다가 갈라져요
길이 열려요
섬과 섬이 이어져요
이쪽 진도부터 저쪽 모도리까지
바다의 신이여 감사합니다
영등살의 소원은 하나
뿔뿔이 흩어진 가족과의 만남
아, 나 여기서 기도하고 있어요
당신과 사랑이여 다시 한 번

드디어 바다가 열릴 시간이 되면서 「길이 열려요, 꿈을 펼쳐요」라는
개막 주제가 선언되고, '영등살이'의 유래가 낭독되는 순간에 바다는

갈라진 바닷길에 널려 있는 돌미
역도 따내고, 낙지며 바지락을
잡는 재미는 덤이다.

뽕할머니의 정성이 바닷길을 뚫었듯이, 사랑을 이루지 못한 사람이 열린 바닷길에 소원을 빌면 사랑을 이루게 된다고 한다.

수줍은 듯 가만가만 그 깊은 속살을 드러내기 시작한다. 마침내 장엄한 기적이 연출된다. 걸립패의 신명난 풍물 울림을 따라 수만 명의 인파가 바다 속으로 들어서며 우우~ 탄성을 내지른다. 2.8킬로미터의 바다 사구가 40여 미터 폭으로 드러나면서 회동에서 모도까지 두 섬을 완전히 이어놓는다. 아, 그 순간 장엄한 무지개 모양의 띠를 이루며 '바닷길 대영합회'가 연출된다. 바닷길 한가운데서 만난 양쪽의 축제객들은 한껏 신명을 드높인다. 갈라진 바닷길에 널려 있는 돌미역도 따내고, 낙지며 바지락을 잡는 재미는 덤이다.

세계 자연유산으로도 등록된 이 바닷길 열림 현상은 음력 삼월 보름을 갓 지난 대사리 때 일어난다. 며칠 동안 해질 무렵이면 한 식경 정도 신비로운 속살을 보여준 바다는 아무 일노 없었나는 듯, 다시 열린 옷섶을 여민다.

햇살 부신 운림산방 마루에 앉아 남도 명창이 뽑아내는 소리가락에 취해 시간가는 줄 모른다.

징허디 징헌 진도소리를 들으며
불 같은 홍주에 취하다

진도에서의 밤은 여느 여행지에서는 누려보기 힘든 진귀한 예흥이 준비되어 있다. 4월부터 10월까지 매주 토요일 저녁에 진도향토문화회관에서 '남도민속기행' 이라는 테마 공연이 열린다. 잔치 기간에는 진도읍내 야외특설무대에서 「강강술래」「남도 들노래」「다시래기」 등 진도 토속문화의 진면목을 만날 수 있어 참으로 뜻깊은 저녁이다.

　예전에 진도에서 들일하던 아낙들은 남정네가 그 앞으로 지나가면 짚단을 던져 길을 막고서 소리를 청하는 풍습이 있었다. 이때 소리를 잘하면 새참까지 대접해가며 재청을 했지만 시원찮으면 망신을 줘서 보냈다고 한다. "진도에서는 소리 자랑 말라"는 말이 빈말이 아닌 성싶다.

　"에에∼헤야∼에이요∼"─정한의 시나위 진양조 장단에 내밀한 곳까지 젖듯 부르는 무가와 어우러진 무녀의 하얀 춤사위는 보는 이의 영혼마저 울린다. 씻어줘야 할 한이 무에 그리 많아 '진도 씻김굿'은 이리도 애절한가. 굿판에 둘러앉은 사람들은 그 울림에 북받쳐 혼잣말처럼 한마디 툭, 내쉰다─"참말로 그 소리 한번 징허네 징혀."

　공연자, 구경꾼들 할것없이 한데 어우러지는 뒤풀이 마당인 「진도 아리랑」 소리판은 걸죽한 신명이 하늘까지 솟는다. 중몰이 장단에 맞추어 한 꼭지씩 돌리는 노랫가락이 흥을 더해간다. 선소리가 앞서면 흥에 겨운 관객들은 뒷소리를 잇는다.

> 오동나무 열매는 감실감실
> 큰애기 젖통은 몽실몽실
> 서방님 오까매이 괴를 벗고 잤더니
> 문풍지 바람에 설사가 났네∼
>
> 아리 아리랑 서리 서리랑
> 아라리가 났∼네---
> 아-리랑 음-음-음
> 아라리가- 났네∼

　밤이 으슥하도록 향토주점에서도 「진도 아리랑」은 그칠 줄을 모른다. 구경꾼들은 농염한 여인의 진한 입술 빛깔만큼이나 화火끈한 홍주紅酒 한 사발에 얼큰해져 "노다 가세 노다 가세 저 달이 떴다지도록 노다가 가세…"를 시작으로 남도의 소리 가락을 끝도 없이 풀어놓는다.

조선 남화의 탯자리
운림산방에 들어 묵향에 젖다

　팽나무, 생달동백 수림지로 이루어진 천연 들목으로 걸어들면 고아
한 운림산방雲林山房이 한눈에 든다. 이곳은 추사 김정희의 수제자 소
치小痴 허련許鍊(1809-1892)을 비롯하여 미산 허형, 남농 허건과 의재
허백련, 임전 허문 등 4대에 걸쳐 일구어낸 우리 나라 남종 문인화의 본
산이다. 허련은 28세 때 두륜산방(대흥사) 초의선사 밑에서 공제 윤두
서의 화첩을 보면서 그림을 익혔으며, 수년 후 초의선사의 추천으로 추

사의 제자가 되어 본격적으로 서화 수업을 받았다. 중국 원나라 4대화가로 꼽히는 황공망을 '대치大痴'라 했는데, 추사는 허련을 '소치小痴'라 불러 그의 재능을 높이 샀다. 허련은 평소 중국 남종화의 대가 왕유王維를 흠모하여 허유許維로 자신의 이명異名을 삼았다. 그래서 후세 사람들이 '소치 허유'로 즐겨부르는 바 되었다.

추사가 세상을 뜨자, 소치는 쉰을 바라보는 나이에 낙향하여 지금의 자리에 운림산방을 세우고 묵향에 묻혀 살면서 기라성 같은 명인들을 배출할 터전을 닦았다. 산방 앞 연못 중심에는 자연석으로 쌓아올린 둥근 섬이 있는데, 여기에는 소치가 심었다는 배롱나무 한 그루가 여름이면 어김없이 선홍빛 꽃잎을 석달 열흘 바람에 날린다.

운림산방에 자리를 튼 소치가 묵죽墨竹을 하도 애써 그려 주위의 오죽들이 모조리 말라죽고 말았다는 일화에도 불구하고 초가와 화실 언저리에는 여전히 오죽烏竹이 소삭인다. 소치의 시「내 집」의 필본과 허씨 집안 3대의 그림은 비록 사본으로 전시되어 있긴 하지만 묵향을 그윽이 풀어놓고 있다.

내 집은 깊은 산골에 있다

매양 봄이 가고

여름이 다가올 무렵이며

푸른 이끼가 뜰에 깔리고

낙화가 길바닥에 가득하다

……

　쌍계사로 드는 오솔길은 피를 토해놓은 듯 붉은 동백 낙화가 소치의
시처럼 길을 덮고 있다. 첨찰산尖察山을 병풍처럼 두르고 고즈넉이 들
어앉은 쌍계사에 들면 "딸랑~ 딸르랑~" 산녘을 지나는 봄바람이 흔
들어대는 풍경소리만 애써 산사의 고적함을 덜어내고 있다.

다시 섬의 서남쪽 끝으로 내달려
'남도석성'에 닿는다. 둘레 600
여 미터의 자그마한 돌성이지만
성벽 위에 올라 둘러보니, '자주
고려' 깃발을 곧추세우고 몽고군
에 맞선 삼별초의 기상이 아직도
펄럭이는 듯하다.

248

무지개형으로 쌓은 단운교·쌍운교가 투박하면서도 단아한 정취를 자아낸다.

　다시 섬의 서남쪽 끝으로 내달려 '남도석성'에 닿는다. 둘레 600여 미터의 자그마한 돌성이지만 성벽 위에 올라 둘러보니, '자주 고려' 깃발을 곧추세우고 몽고군에 맞선 삼별초의 기상이 아직도 펄럭이는 듯 하다. 동서남 3면의 성문과 무지개형으로 쌓은 단운교·쌍운교가 투박하면서도 단아한 정취를 자아낸다.

　진도 해안선을 따라 일주하다보면, 주변 230여 개의 올망졸망한 섬들이 마치 꽃점처럼 동동 떠 있다. 해질 녘 가학리의 셋방 낙조는 진도 여정의 막장을 황홀하게 연출한다. 진양조 가락으로 노을이 붉어들고 선홍빛 햇덩이가 발가락섬(양덕도)과 손가락섬(주지도) 사이로 빠져 수평선 너머로 잠기는 순간 절로 탄성이 인다―"아하, 진도! 참말로 징허게도 이쁜 섬!" 그 탄성 너머로 또 아리랑 한 곡조 아슴하다.

　　서산에 지는 해는 지고 싶어 지느냐～
　　날 두고 가는 임은 가고 싶어 가느냐～
　　아리아리랑 스리스리랑 아라리가 났～네
　　아리랑 음～음～음～ 아라리가 났네～

청정 무주 반딧불 잔치에 갔다가
구천동 33경에 여름을 다 보내다

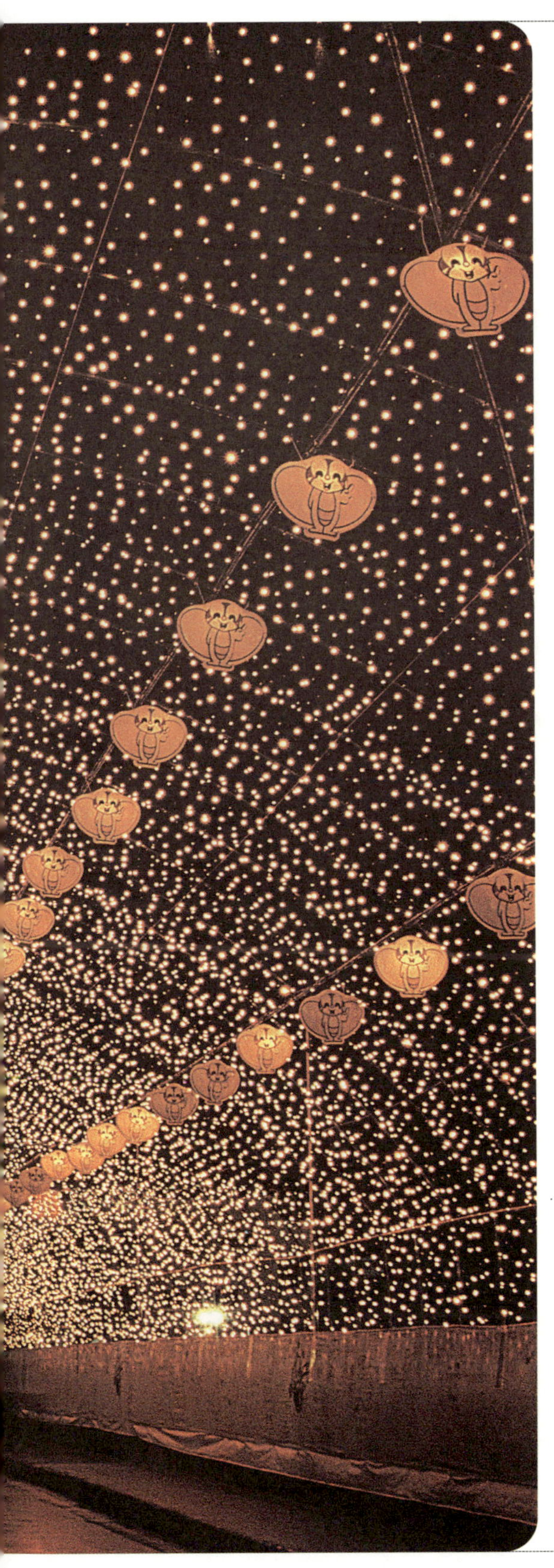

무주 반딧불이의

찬란한 불빛사랑에 매혹되고

무주리조트 '여름 향기'에 취했다가

무주 구천동 굽이굽이

33비경에 들어

여름 한 철을 다 보내다.

즐거운 여정을 위한 길라잡이

가는 길(서울 기점) | 경부고속도로⇨대전 남부순환고속도로 남대전 분기점⇨대전 · 통영간 고속도로⇨무주 나들목

맛집 | 금강식당(063-322-0979)과 앞섬식당(063-322-3898)의 어죽 | 원조할매보쌈(063-322-2188)의 보쌈정식

머물 집 | 무주리조트(063-322-9987) | 덕유산휴양림통나무집(063-322-1097) | 덕유산 향적봉대피소산장(063-322-1614)

주변 명소 | 적상산 | 안국사 | 앞섬의 천렵과 오지마을 방이리 트래킹 | 금강 래프팅

여행정보 안내 | 무주군청 문화관광과(063-320-2546~8, www.muju.chonbuk.kr)

한여름밤 풀섶에서
반딧불이의 사랑놀음에 반하다

　　대진고속도로 무주 나들목으로 나온 길, 37번 국도의 여름은 아직 땡볕 불더위다. 길가 느티나무 그늘에선 자동차도 쉬어가고 사람들도 쉬어간다. 짚으로 지붕을 이은 원두막에 올라 복수박 한 통 쩌억쩍 갈라본다. "우적우적, 사각사각" 올 여름 갈증은 여기서 모두 끝나는 것 같다.

　　벼꽃이 한창 피어나는 논배미 건너 저 아래로 덕유산 자락에 안긴 마을들이 정겹게 들어앉은 남대천이 보인다. 맑은 냇가에서 어항을 놓고

252

투망을 던지며 복더위를 쫓고 있는 사람들의 모습이 정겹다. 미루나무 그늘에서는 누렁소와 흑염소들이 고향 풍경을 그려내고 있다. 아, 청정 무주의 속살이다.

'반딧불축제'의 주무대는 '호남 3한'으로 꼽히는 한풍루 일원과 무주군청 앞으로 흐르는 남대천 하류 일원이다. 반디문화예술무대에서는 엄마, 아빠와 함께 반디 사랑 설치 미술 작업에 열중하고 있는 아이들의 콧잔등에 맺힌 땀방울이 송알송알 옥구슬이다. 추억의 놀이마당에서 여치집짓기를 체험해보는 아이들의 손놀림도 제법 빨라지기 시작한다. 자연친화적인 천변 부스에서는 무공해 유기농산물에 홀딱 반한 도시 휴가객들이 청정 무주를 맛볼 요량으로 즐거운 장보기가 한창이고…. 누구든 무공해 비누 만들기 체험에 참여하면 질 좋은 무공해 비누가 덤이다.

석양녘, 무주군 거리거리는 "형설지공 어린 불빛 반딧불을 되살리자" "반딧불이 사랑 불빛, 환경보호 희망불빛" 같은 테마로 군내 각 면민들이 참여하는 가장행렬로 신명나게 들썩이고 있다. 사위가 완전히 어두워지자, 수만 개의 인공 반딧불이 밝혀진다. 반딧불이의 이미지를 인공으로 수놓은 이 반딧불 초롱터널을 지나는 것 자체가 그대로 설레임 가

반디 사랑 설치 미술 작업에 열중하고 있는 아이들의 콧잔등에 맺힌 땀방울이 송알송알 옥구슬이다.

반딧불이는 가장 친환경적인 생명체 가운데 하나로 '환경지표 곤충'이라 한다.

득한 잔치 마당이다. 사람들은 환상적인 반딧불 터널을 몇 차례씩이나 오가며 신명이 나 있다. "아직도 왔다갔다하는 거예요?" "이제 왕복 두 번째야."

시인 윤동주가 「반딧불」 사랑으로 노래한 그 '달조각'을 찾아가는 반딧불자연학교 생태 기행길에 나선다. 참여한 가족들은 적당히 긴장되어 있다. 아빠, 엄마는 추억을 볼 수 있으려나 하는 기대감으로, 깜깜한 시골길을 처음 걸어보는 아이들은 설레임과 무섬증으로 두근거린다.

가자 가자 가자
숲으로 가자
달조각을 주우러
숲으로 가자
그믐밤 반딧불은
부서진 달조각
가자 가자 가자
숲으로 가자
달조각을 주우러
숲으로 가자

254

달빛 없는 밤하늘엔 별만 초롱초롱하다. 시인 윤동주도 이런 밤 불 밝히는 반딧불을 달 대신 찾아 나섰을 터이다. 어린 시절 기억 속의 저편 그 여름밤, 풀섶으로 잦아들던 숱한 반딧불은 다 어디로 사라진 걸까? 이젠 이런 깊은 산골을 헤매야 만날 수 있게 되다니…. 반딧불을 떼어 눈썹에 붙이고 놀던 추억이 새록새록 살아나는 밤길이다. 반딧불이는 가장 친환경적인 생명체 가운데 하나로 '환경지표 곤충'이라 한다.

밤 9시부터 10시 사이의 냇가 풀숲은 반딧불이로 현란하다. "히야, 그 귀한 반딧불이들이 여기 다 모여 있었구나." 저 불빛들은 '지독한 사랑'의 불꽃놀이다. 수컷 반딧불이가 짝짓기할 짝을 찾기 위해 온몸을 사뤄 쏟아내는 사랑의 신호다. 새로운 생명을 짓기 위한 혼신의 몸부림이다. 미물들의 거룩한 열반이다.

"수컷 반딧불이는 1분에 대개 20번 정도 반짝거리는데, 360일의 일생 가운데 단 15일정도만 구애의 불빛을 낼 수 있지요. 자주 강렬한 불빛을 내야만 암컷들의 호감을 살 수 있기 때문에 수컷들은 매우 분주하게 날아다니지요. 암컷들은 풀숲에서 사랑을 느끼는 수컷을 찾게 되면, 한두 번의 불빛을 깜박이며 신호를 보내 비로소 사랑의 짝짓기를 허락하지요. 짝짓기 시간은 2시간 정도인데 암컷이 알을 낳기 시작하면 수컷은 죽어가고, 암컷도 한 500여 개의 알을 남대천 풀숲에 낳고 나면 이내 죽지요." 반딧불자연학교 선생님의 친절한 반딧불이 생태 설명이다.

숙소에 돌아와서도 어른들은 밤늦도록 모닥불에 둘러앉아 별을 헤며, 못다한 반딧불이의 추억들을 이야기하면서 「개똥벌레」를 부른다.

아무리 둘러봐도 어쩔 수 없네.
저기 개똥무덤이 내 집인 걸.
가슴을 내밀어도 친구가 없네.
노래하는 새들도 멀리 날아갔네.
… 쓰라린 가슴 안고
오늘밤도 이렇게 울다 잠이 든다.

덕유산의 여름 향기

덕유산 '여름 향기' 에 취해
향적봉 구름바다에 오르다

256

무주리조트의 그림 같은 전경과 진초록 잔치는 언제 찾아도 싱그럽다. 유럽 여행길에서 가장 머물고 싶었던 알프스 산자락의 풍광 그대로다. 이곳은 드라마 「여름 향기」의 무르익어가는 사랑 이야기를 촬영한 이후로 그 아름다움이 널리 알려지면서 젊은이들의 밀월 여행지로 각광받고 있다.

'운명적인' 사랑 이야기를 다룬 드라마에서 이곳의 핵심 배경 소재는 '여우비' 다. 해가 말짱한 날씨인데도 느닷없이 소나기가 쏟아지자 "호랑이가 장가가나 보네요" "여우가 시집가나 봐요" 하는 심연의 간절한 바람을 짐짓 아무렇지도 않은 듯한 말로 주고받으며 사랑을 키워간다. 죽은 옛 연인의 심장을 안은 그녀를 만나는 날, 여우비가 다시 내린다. 그리고 마침내 "당신을 보면 가슴이 뛰어요. 당신은 나를 보면 가슴이 뛰지 않나요?"라는 고백으로 시청자들의 가슴을 얼마나 두근거리게 만들었던가.

무주리조트에서의 주요 촬영지는 호텔티롤과 설천호수 그리고 카니발 스트리트다. 휴가철에 이곳에 머물려면 사전 예약이 필수다. 굳이 하룻밤을 묵지 않으면 또 어떤가. 산책도 좋고, 생맥주나 칵테일 한 잔

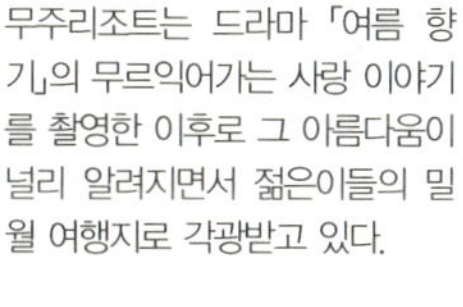

무주리조트는 드라마 「여름 향기」의 무르익어가는 사랑 이야기를 촬영한 이후로 그 아름다움이 널리 알려지면서 젊은이들의 밀월 여행지로 각광받고 있다.

의 낭만으로도 누구나 주인공이 될 수 있다.

무주리조트에서는 리프트를 타고 정상 부근 설천봉까지 쉽게 오를 수 있다. 원래는 스키어들을 위해 설치한 리프트이지만 일반인들의 관광용으로도 이용되고 있다. 물론 산이란 걸어서 올라야 제맛이지만 덕유산 정상 등반은 만만치 않은 걸음이므로, 아이들과 함께 하는 산행이라면 리프트를 이용하는 것도 이젠 크게 흠 잡힐 일은 아닐 성싶다.

리프트를 타고 오르는 기분은(특히 눈 내리는 겨울이면) 마치 산장 열차를 타고 스위스 융푸라우를 오르는 듯한 환희를 자아낸다. 리프트에서 내리면 해발 1,500여 미터의 설천봉이다. 이 일대는 국내 최대의 주목과 구상나무 군락지로 거대한 나무 전시장을 방불케 한다. 굽이굽이 이어진 봉우리들이 어깨동무를 하고 저 아래로 성냥곽 만한 오스트리아풍 무주리조트의 건물들과 푸른 융단을 펼쳐놓은 것 같은 슬로프, 설천호수 등이 아스라하다.

여기서 반 식경을 더 오르면 해발 1,614미터의 덕유산 정상 향적봉이다. 정상에 서면 구름띠를 두른 연봉들이 발 아래로 아득하게 펼쳐진다. 동쪽 멀리 구름바다 너머로 눈길을 돌리면 가야산, 지리산 능선 자락들까지 눈에 들고 북쪽으로는 속리산과 계룡산, 서쪽으로는 내장산까지 한눈에 들어온다.

향적봉 동쪽 분지 아늑한 곳에 엎드려 있는 향적봉 대피소는 여정이 허락한다면 하룻밤을 보내며 낭만을 만끽하기에 더없이 훌륭한 곳이다. 밤하늘 별 잔치가 또 하나의 장관이다. 이곳에서는 별이 손으로 만져질 것처럼 가깝다. 또 이른아침에 맞는 해돋이는 어떤가. 일망무제 첩첩이 껴안은 산맥 가득, 갓 씻어낸 듯 싱그러운 햇살이 퍼지는 해돋이는 바다의 그것과는 또다른 감동이다.

계곡을 벗어나 잠시 내려오면, 자연 속의 거대한 통문이 막아선다.
구천동 제1경 나제통문羅濟通門이다

무주구천동 계곡길을 따라
33비경에 흠뻑 취하다

　덕유산에서 내려가는 길만큼은 리프트의 편리함을 빌지 말고 반드시 다리 품을 팔 일이다. 골짜기 곳곳에 숨어 있는 덕유산의 진경을 만나고 싶다면 말이다. 정상에서 구천동 쪽으로 내려가는 50여 리의 계곡길에는 백련사를 비롯하여 빛나는 33경이 갈피갈피 숨어 있다. 향적봉에서 백련사까지는 표고차 90미터의 급경사로 나무계단길이 굽이굽이 이어진다.

　하얀 연꽃이 피어난 자리에 절을 지었다고 해서 백련사白蓮寺다. 매월당부도와 삼존석불이 눈길을 끄는데, 때마침 산사를 지나는 여우비가 후두둑, 흙마당의 먼지를 재운다.

절간 기왓골 타고 떨어지는 낙수는
산사를 지나다 핀 채송화 적시고
앞산 능선 감싼 구름 위
보이지 않는 신선은
백련사에 극락 하나 그려줄까, 말까

여기서부터 구천동 계곡의 진경을 본격적으로 만날 수 있다. 200~
300미터씩이나 이어지는 마당 같은 암반 위로 청계옥수가 흐르면서 비
파담, 사자담, 인월담 등 숱한 연녹색 담潭을 지어놓고 있다. 이속대,
수경대, 세심대, 학소대, 청금대… 끝없이 이어지는 비경에 올라 갈피
갈피 서린 전설을 듣는다. 과연 '한국 제일의 계곡' 이라는 명성에 조금
도 모자람이 없다. 지친 발을 얼음처럼 차가운 계곡물에 담그면 온몸의
피로가 싹 가신다. 그렇게 구천동 33경을 열람하며 내려오는 길에는 시
간도 멎어버린다.

계곡을 벗어나 잠시 내려오면, 자연 속의 거대한 통문이 막아선다. 구
천동 제1경 나제통문羅濟通門이다(제33경은 덕유산 상봉이다). 삼국시
대 신라와 백제의 국경이었던 이곳을 경계로 사람들의 말씨도 갈리고
풍습도 갈렸을 터이다. 통문 위 숲으로 백제와 신라 이래 사람들이 남
긴 길이 희미하게 보인다. 그 길이 원래의 길이다. 통문이 뚫리기 전에
는 사람이 지나다닐 수 없는 그저 작은 자연굴에 지나지 않았다. 통문
을 지나는 이 길은 일제시대 때 뚫린 것이다.
우리들 마음을 연결하는 문도 저 위의 좁고 험한 산길이 아니라, 이
나제통문길처럼 시원스럽게 뻥 뚫렸으면 얼마나 좋겠는가.

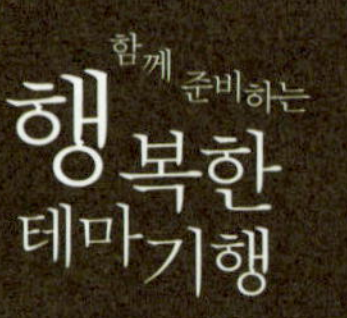

하나 보고 즐길 거리에다 느끼고 배울 거리가 있는 테마를 준비한다.

함께 가는 여행은, 세심한 사전 준비가 없으면 고생만 하고 별로 남는 게 없기 십상이다. 아이들을 위해선 체험여행, 부부나 연인들끼리라면 느낌이 있는 여행, 부모님을 위해선 건강여행 등 테마가 있는 여행을 준비한다면 감동은 백 배로 커질 것이다.

둘 사계절 가운데 그곳이 가장 좋은 계절에 떠난다.

여행지마다 가장 좋은 때가 있다. 이왕이면 제 철에 맞춰가면 그곳만의 특별한 풍정을 느낄 수 있을 것이다. 특히 특별한 축제가 펼쳐지는 때에 맞춰가면 또다른 신명을 만날 수 있다.

셋 자는 것, 먹는 것도 현지 특색을 살려 미리 예약해둔다.

잠자리나 음식도 가능하면 그곳만의 특색(예를 들어 산사에서의 하룻밤, 그곳만의 토속 별미)을 살린다면 더욱 풍요로운 여정이 될 것이다. 또 미리 예약해 두고 떠난다면 현지에 가서 헤매는 일 없이 예정대로 여정을 즐길 수 있을 것이다.

넷 풍경뿐 아니라 사람 사는 인정도 체험하는 여정이 되도록 한다.

아름다운 풍경이나 역사유적뿐 아니라 여행지에서 만난 마을의 문화, 사람들의 인정까지 체험하고 소중하게 끌어안는다면 더욱 의미있는 여정이 될 것이다.

다섯 여정에 따른 기행문을 쓰고, 멋진 풍정을 만나면 '짧은 시 짓기' 놀이도 한다.

자투리 시간을 이용하여 그때그때의 여정을 기행문으로 남기는 것은 사진을 남기는 것보다 한결 의미가 크다. 또 이동중에는 잠을 자는 대신 그곳에 맞는 노래를 함께 부르거나 그곳을 테마로 짧은 시 짓기 놀이를 하다보면 더욱 즐거운 여정이 될 것이다.

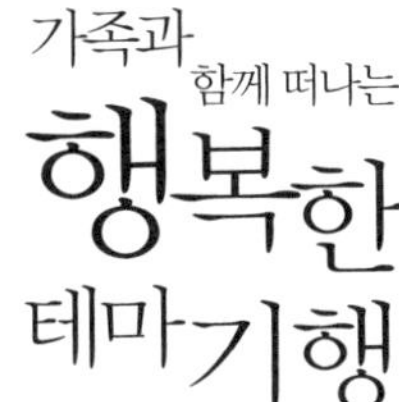

지은이 | 백남천

펴낸이 | 김성실

편집주간 | 김이수

편집기획 | 한승오 · 박남주

마케팅 | 이동준 · 김창규 · 강지연

디자인기획 | 오필민

맥편집 | 박남희

본문 · 표지 인쇄 | (주)중앙P&L

제본 | 국일문화사

펴낸곳 | 시대의창

출판등록 | 제10-1756호(1999. 5. 11)

초판 1쇄 발행 | 2003년 10월 27일

초판 8쇄 발행 | 2006년 4월 20일

주소 | 121-816 서울시 마포구 동교동 113-81

전화 | 편집부 (02) 335-6125, 영업부 (02) 335-6121

팩스 | (02) 325-5607

ISBN 89-89229-61-8 03980

값 12,000 원

WINDOW of TIMES

WINDOW of TIMES
http://www.sidaew.co.kr　　　TEL > 335-6125